国家级特色专业建设规划教材

纺织服装高等教育"十三五"部委级规划教材

服装立体裁剪
从基础到创意

边沛沛　编著

东华大学出版社

·上海·

图书在版编目（CIP）数据

服装立体裁剪 / 边沛沛编著. – 上海：东华大学
出版社，2020.1
　　ISBN 978-7-5669-1677-8

　　Ⅰ.①服… Ⅱ.①边… Ⅲ.①立体裁剪－教材 Ⅳ.
①TS941.631

　　中国版本图书馆CIP数据核字(2019)第271665号

责任编辑　徐建红
封面设计　贝塔

服装立体裁剪

边沛沛　编著

出　　　版：东华大学出版社（地址：上海市延安西路1882号　邮编：200051）

本 社 网 址：dhupress.dhu.edu.cn

天猫旗舰店：http://dhdx.tmall.com

销 售 中 心：021-62193056　62373056　62379558

印　　　刷：上海盛通时代印刷有限公司

开　　　本：889mm×1194mm　1/16

印　　　张：7.75

字　　　数：270千字

版　　　次：2020年1月第1版

印　　　次：2021年8月第2次印刷

书　　　号：ISBN 978-7-5669-1677-8

定　　　价：59.00元

目　录

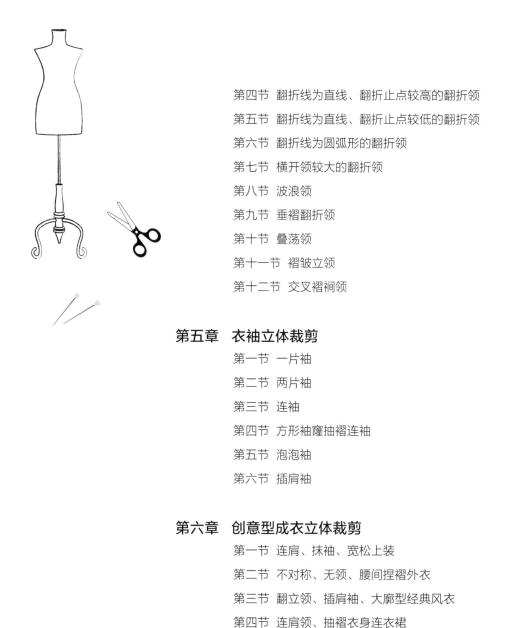

第一章　立体裁剪理论及用具

第一节　概论

服装结构设计的技术主要分为两大类：一类为立体裁剪技术；另一类为平面裁剪技术，这两类技术在实际操作中可以交替或组合使用，共同实现款式设计的造型塑造。

立体裁剪是选用与面料特性相接近的试样布料，直接覆盖于人体模型或人体，进行服装样片解析，塑造服装造型，获取服装样片以及拓印获得纸样的服装结构的设计方法。立体裁剪技术随着服装造型的发展而发展，在现代服装的造型设计中得到越来越广泛的运用。

一、立体裁剪的历史与发展

服装造型是指服装在形状上的结构关系和在人体上的存在方式，包括外造型和内造型。外造型是指服装的外部结构造型，即廓型；内造型是指服装外轮廓以内的部件形状和内部结构形状。

东方服饰文化受到人与空间协调统一观念的影响，自古以来基本上是以平面结构衣片构成平面形态的服装，且在平面结构中设置足够的松量适应人体的立体形态极其运动的需要。因而，传统的东方服装中虽然在局部造型上也会使用立体造型的技术，但在整体服装造型方法上更多侧重于平面裁剪技巧。如中国的汉服、日本的和服以及韩国的民族服装等。

在西方服装的发展史中，服装被看做是人的躯体对空间的占据，强调人体曲面形态的塑造和审美追求，强调服装的三维立体外观造型。立体裁剪技术在此类服装造型构思设计和造型塑造实现中产生、应用和发展。

服装立体裁剪作为服装造型的方法之一，是伴随着人类衣着文明的产生、发展而形成和逐步完善的。尽管在东西方服饰文明的发展史上有过不同的发展轨迹，但在东西方服饰文明充分融合、演化的今天，服装立体裁剪已经成为人类共有的服装构成方法，并将伴随着人类服饰文明的发展，进一步推陈出新，形成完整的理论体系。

二、立体裁剪的适用范围

服装结构设计有服装立体裁剪和平面裁剪两种方法，在实际生产中采用哪种方法为最佳，要具体情况具体分析，看哪种方法更方便实用、更有效率以及更能达到设计效果，就采用哪种方法。一般来讲。立体裁剪的适用范围有：（1）服装造型为不规则褶皱、垂褶、波浪等形式，极富立体感，无法或者很难将其造型展开为平面图形；（2）服装使用轻薄、柔软、固定性能差，但悬垂效果良好的材料，在缝制、裁切时具体部位不加以固定难以操作；（3）服装的整体或局部需在缝制前就能显示出立体效果，以便修正和斟酌其造型效果。

三、立体裁剪的基本操作流程

立体裁剪的基本操作流程如下：

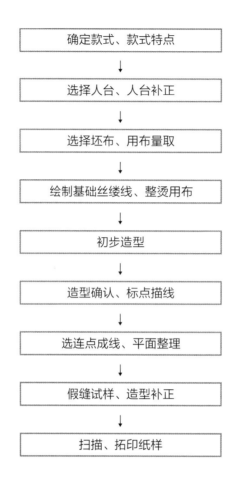

确定款式、款式特点
↓
选择人台、人台补正
↓
选择坯布、用布量取
↓
绘制基础丝缕线、整烫用布
↓
初步造型
↓
造型确认、标点描线
↓
选连点成线、平面整理
↓
假缝试样、造型补正
↓
扫描、拓印纸样

第二节　常用工具

一、人台

人台是立体裁剪中必不可少的重要工具，起到代替人体的作用，人台尺寸规格、质量的好坏直接影响服装成品的质量，因此应选用一个比例尺寸符合实际人体的标推人台。实际使用中可以见到很多类型的人台，一般分为以下几类：

（一）按人台形状分

可以分为上半身人台、下半身人台及全身人台。较为常见的和常用的是上半身人台（图1-2-1），包括半身躯干的普通人台，臀部以下连接钢架和臀部以下有腿类型的人台，可以根据不同的设计要求和用途进行选择和使用。

（二）按性别和年龄分

按性别可以分为男体人台和女体人台，按年龄可以分为成人体人台和不同年龄段儿童体人台。较常见的和常用的是成人体人台。现阶段在我国童装制造中较少使用立体裁剪，所以比较少用儿童体人台。

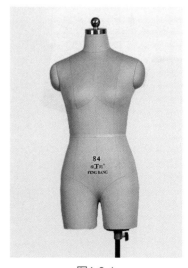

图1-2-1

（三）专用人台

　　一些有特殊用途的人台，包括：内衣使用的净围尺寸人台（也称裸体人台）；特殊体型人台，如胖体人台、瘦体人台等；另外在高级时装定制中，各知名品牌或专卖店会根据顾客的人体各部位尺寸单独制作人台，以便进行量体裁衣。

图1-2-2

二、剪刀

　　立体裁剪中使用的剪刀要区别于一般裁剪用的剪刀，剪刀应较小些，通常以25.4cm（10英寸）的剪刀为宜、刀口合刃好，剪把和手柄便于操作。同时，还应备有一把剪纸板专用剪刀，不可混用，以免损伤剪刃（图1-2-2）。

三、坯布

　　立体裁剪一般采用坯布进行初步造型操作。选择坯布的原则是：坯布的面料特性与成衣面料的面料特性一致或尽量相似，一般以平纹的全棉坯布为宜，如图1-2-3为坯布。

　　在进行弹性面料和面料斜裁等一些特殊面料的服装立体裁剪时，直接选用成衣面料操作。

图1-2-3

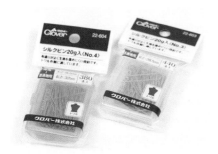

图1-2-4

图1-2-5

图1-2-6

四、大头针

　　在立体裁剪中大头针的选择比较关键，要选用针尖细、针身长、无塑料头的大头针，以针身直径为标号分类，一般直径为0.5mm和0.55mm，如图1-2-4所示。

五、针插

　　针插是用来扎大头针的，戴于左手手掌或手腕，可以购买亦可以自己制作，如图1-2-5所示。

六、尺

　　立体裁剪操作常用的服装制图尺有50cm方格直尺（图1-2-6）、30cm软质直尺（图1-2-7）、直角尺（图1-2-8）、袖窿弧线6字尺（图1-2-9）以及软尺（图1-2-10）。

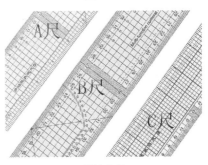

图1-2-7

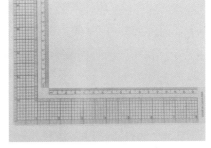

图1-2-8

图1-2-9

图1-2-10

图1-2-11

七、标记带

立体裁剪用贴带的颜色需与人台颜色、坯布颜色有别，贴带的宽度 0.3cm 以下。以具有适当拉伸性的皱纹贴带为好，如图 1-2-11 所示。

八、铅笔、橡皮

2B 铅笔用于坯布的画线，HB 铅笔用于拓印纸样等画线，橡皮要选用较软宜擦的，如图 1-2-12 所示。

图1-2-12

九、复写纸

复写纸用于拓印纸样或拓印布样，如图 1-2-13 所示。

十、电熨斗

电熨斗用于整烫用布，如图 1-2-14 所示。

十一、手工针、线

手工针、线用以样衣的假缝。

图1-2-13

图1-2-14

第三节　布手臂的制作

布手臂在人台上充当人体手臂的角色，是进行立体裁剪的重要工具。常用人台一般不带有手臂，需要自行制作。手臂形状应尽量与真人手臂相仿，并能抬起与拆卸。一般根据操作习惯只制作一侧手臂。

布手臂的围度和手臂的长度可根据具体要求，参考真人手臂尺寸确定。手臂根部的挡布形状与人台手臂根部截面形状相似（图 1-3-1）。

估算大小袖片的用布量（即大小袖片的最长、最宽尺寸），备出布片，慰烫整理纱向。沿布的经纱、纬纱方向标出袖片的袖中线、袖山线和袖肘线。再根据手臂的净板尺寸，在布料上放出缝份，袖根和手腕截面处分别留 2.5cm 和 1.5cm 毛份（图 1-3-2）。具体制作步骤如下：

1. 缝合大小袖片，对袖缝前弯的袖肘处进行拔烫或拉伸，后袖肘处缝合时加入适当缝缩量，缝合使手臂呈一定角度自然前倾。将袖缝分烫开。

2. 将布手臂内充满的填充棉裁剪成形，可根据填充棉的厚度和手臂的软硬度确定。

3. 缝合填充棉，使共呈手臂形状，与手臂布套进行比较，确认其长短和肥度是否合适。

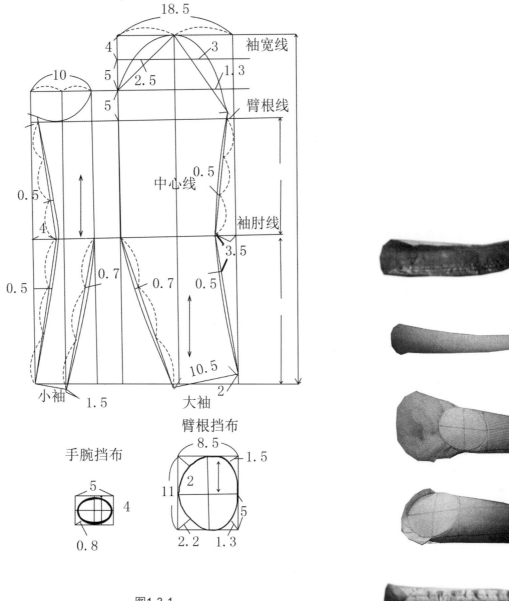

图1-3-1

图1-3-2

4. 将填充棉手臂装入手臂布套内,整理光滑平顺。同时将剪好的臂根和手腕截面形的纸板放入准备好的布片中,做袖缩缝。

5. 整理好臂根处露出的填充棉的毛边,在袖山净缝向外 0.7cm 宽处 0.2cm 针距进行缩缝,根据手臂根部形状分配缩缝量,并整理。

6. 手腕处也使用同臂根处同样的方法进行缩缝并整理。

7. 将布手臂的臂根围与臂根挡布、手腕与手腕挡布固定,准备净宽 2.5cm 的对折布条,用针固定在布手臂的袖山位置。

8. 布手臂制作完成(图 1-3-3)。

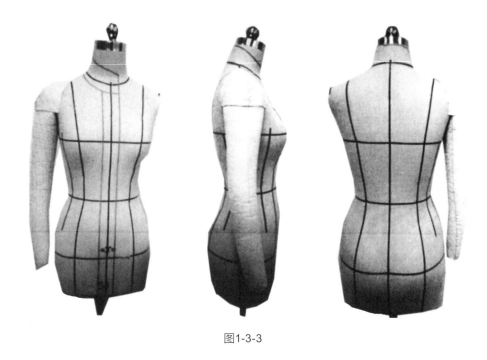

图1-3-3

第四节　人台的贴线及补正

一、基准线

基准线是为了在立体裁剪时表现人台上重要的部位或结构线、造型线等，在人台上标记的标记线是立体裁剪过程中款式准确性的保证，也是操作时布片丝缕方向的标准，同时又是板型展开时的基准线。

除了基本的基准线，有时要根据不同的款式设计要求，标记不同的结构线和造型线作为基准线。

一般在贴基准线时采用目测和尺测等测量方式共同使用的方法进行标记。

常用的基准点和基准线有：前颈点（FNP）、后颈点（BNP）、侧颈点（SNP）、肩端点（SP）、后腰中点、前中心线（CF）、后中心线（CB）、胸围线（BL）、腰围线（WL）、臀围线（HL）、肩线、侧缝线、领围线、袖窿线（图1-4-1～图1-4-3）。

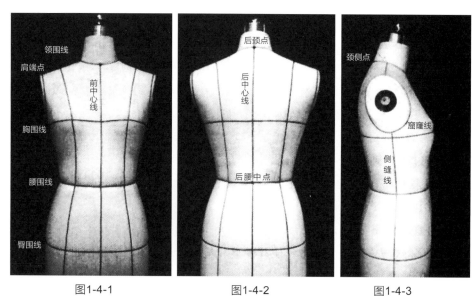

图1-4-1　　　　　　　　　　图1-4-2　　　　　　　　　　图1-4-3

二、在人台上贴基准线的步骤

1. 贴后中心线：将人台放置于水平地面，摆正。在人台后颈点处向下坠一重物，找出后中心线（图1-4-4）。

2. 贴领围线：从后颈点开始，沿颈部倾斜和曲线走势，经过侧颈点、前颈点，圆顺地贴出一周领围线。注意后颈点左右各约2.5cm为水平线（图1-4-5）。

3. 贴前中心线：在前颈点向下坠一重物，找出前中心线（图1-4-6）。

4. 贴胸围线：从人台侧面目测，找到胸部最高点（BP），按此点距地面高度，水平围绕人台一周贴出胸围线（图1-4-7）。

5. 贴腰围线：在后腰中心点位置水平围绕人台腰部一周，贴出腰围线（图1-4-8）。

6. 贴臀围线：由腰围线前中心点向下18cm，在此位置水平围绕人台臀部一周贴出臀围线（图1-4-9）。

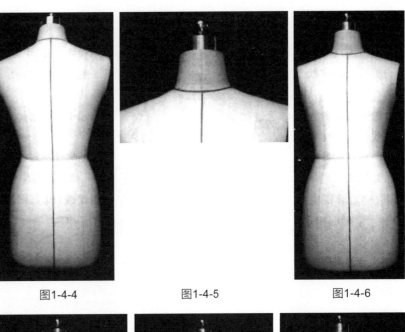

图1-4-4 图1-4-5 图1-4-6

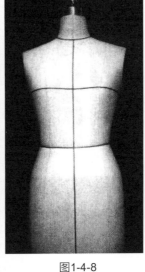
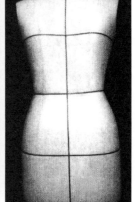

图1-4-7 图1-4-8 图1-4-9

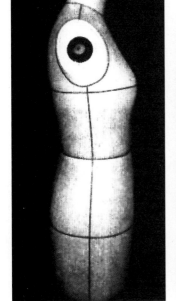

图1-4-10

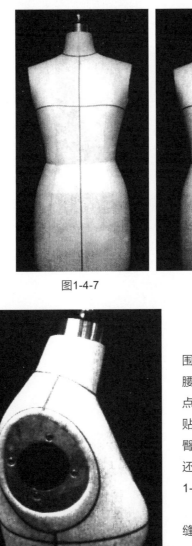

图1-4-11

7. 贴侧缝线：确认人台前后中心线两侧的围度相等，在人台侧面标记半侧人台胸围线、腰围线、臀围线的1/2点作为参考点。由肩端点向下，从胸围线开始，边观察边顺人台走势贴出侧缝线。再将侧缝线与胸围线、腰围线、臀围线的交点分别从参考点向后偏移0.7cm，还可以根据视觉美观需求适当调整侧缝线（图1-4-10）。

8. 贴肩缝线：连接侧颈点和肩端点形成肩缝线（图1-4-11）。

9. 贴袖窿线：以人台侧面臂根截面和胸围线、侧缝线为参考，定出袖窿底、前腋点和后腋点，以圆顺的曲线连接肩端点、前腋点、袖窿底和后腋点，贴出袖窿线。由于人体结构和功能的关系，前腋点到袖窿底的曲度较大(图1-4-11)。

10.完成基本的基准线标记之外，在操作中经常用到的还有前后公主线、背宽线及前后侧面线。前公主线从肩线1/2处开始，向下通过BP，经过腰部和臀部时考虑身体的收进和凸出，从臀围线向下垂直至底摆。后公主线从前公主线肩点开始，经过肩胛骨和凸出部位，同前面一样经过腰围线和臀围线，然后向下垂直至底摆。人台的正面、背面如图1-4-12、图1-4-13所示。

三、人台的补正

虽然人台是采取标准尺寸制作而成，但根据个人体型特征和不同款式要求制作服装时，还需要进行不同部位尺寸的补正。人台的补正分为一般体型补正和特殊体型补正。特殊体型补正包括鸡胸体的补正、驼背体的补正等。一般体型补正包括肩部的垫起、胸部的补正、腰臀部的补正、背部的补正等。一般人台的补正，是在人台的尺寸不能满足穿着对象的体型要求或是款式有特殊要求时所进行的补正。

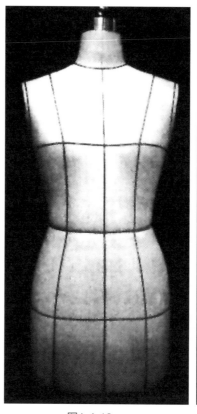 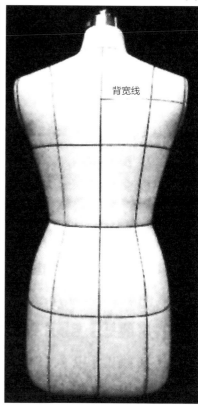

背宽线

图1-4-12   图1-4-13

人台的补正通常在人台表面补加垫棉和垫布使人台外形发生变化。

（一）肩部的补正

1.根据不同体型和款式要求，在人台的肩部补加垫棉，并修整形状。肩端方向较厚，向侧颈点方向逐渐变薄，前后向下逐渐收薄。

2.根据需要的尺寸裁出三角形布片，将布片覆盖在喷胶棉上，用大头针固定，调整形状。

3.沿补正布片边缘固定。也可直接用各类垫肩 (图 1-4-14)。

（二）胸部的补正

1.根据测量尺寸，在人台胸部表面补加垫棉，修整形状，中间较厚，向边缘方向逐渐变薄。

2.裁圆形布片，面积以能覆盖胸部为准，根据需要的胸型做省，省尖指向胸高点，省量的大小与胸高有关。将布片覆盖在垫棉上，周围边缘处用大头针固定、调整形状。

图1-4-14

3.沿补正布片边缘固定，从各角度观察并调整 (图 1-4-15)。

（三）肩胛骨的补正

为了使背部具有起伏变化的形态，以配合流行款式的需要，可使用倒三角形的棉垫贴附在肩胛骨部位，使其略为高耸 (图 1-4-16)。

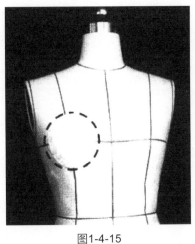
图1-4-15

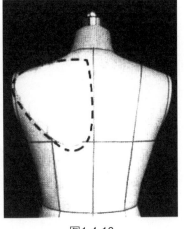
图1-4-16

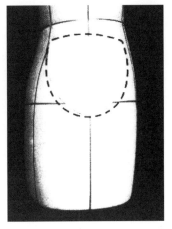
图1-4-17

（四）臀部的补正

1.将垫棉根据补正的要求加放在人台的髋部、臀部及周边，修整形状，注意身体的曲线和体积感。

2.根据需要的尺寸裁出布片，将布片覆盖在垫棉上，周围边缘用大头针固定，调整形状。

3.沿补正布片边缘固定 (图 1-4-17)。

第五节　大头针的基本别针方法

在进行立体裁剪操作时，使用必要的针法对衣片或某个部位加以固定和别合，是使操作简便并保证造型完好的重要手段。

一、大头针的固定

1.单针固定：用于将布片临时性固定或简单固定在人台上，针身向受力的相反方向倾斜 (图 1-5-1)。

2.交叉针固定：固定较大面积的衣片或是在中心位置等进行固定时，使用交叉针法固定，用两根针斜向交叉插入一个点，使面料在各个方向都不移动。针身插入的深度根据面料的厚度决定 (图 1-5-2)。

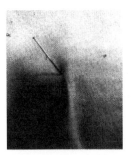
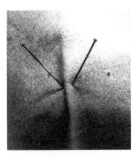

图1-5-1　　　　　图1-5-2

二、大头针的别合

1.重叠法：将两布片平摊搭合后，重叠处用针沿垂直、倾斜或平行方向别合，此方法适用于面的固定或上层衣片完成线的确定 (图 1-5-3、图 1-5-4)。

2.折别法：一片布折叠后压在另一布片上用大头针别合，针的走向可以平行于折叠缝，也可垂直或有一定角度。需要清晰地确定完成线时多使用此针法 (图 1-5-5)。

3. 抓合法：抓合两布片的缝份或抓合衣片上的余量时，沿缝合线别合，针距要均匀。一般用于侧缝、省道等部位（图1-5-6）。

4. 藏针法：将大头针从上层布的折痕处插入，挑起下层布，针尖回到上层布的折痕内。其效果接近于直接缝合，精确美观，多用于绱袖时（图1-5-7）。

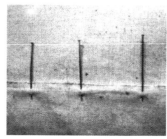
图1-5-3

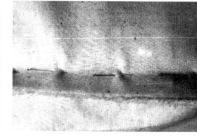
图1-5-4

图1-5-5

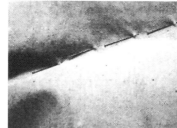
图1-5-6

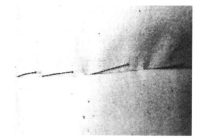
图1-5-7

第六节　立体裁剪的概念及专业术语

一、立体裁剪的概念

服装立体裁剪又称服装结构立体裁剪，是设计和制作服装造型纸样的重要方法之一。其操作过程是：先将布料覆盖于人台或人体上，通过别合、折叠、抽缩、拉展等技术手段制成预先构思好的服装造型，再按服装结构线形状将布料剪切，最后将剪切后的布料展平放在纸上制成正式的纸样。这一过程既是按服装设计稿具体裁剪纸样的技术过程，又包含了从美学观点具体审视、构思服装结构的设计过程。

二、立体裁剪的专业术语

1. 面料纱向：掌握立体裁剪技术需要耐心与不断练习。操作时应该轻柔、娴熟地将平台上的坯布，避免过分拉伸。立体裁剪所需要的坯布需要预先测量。并画上正确的直丝缕线及横丝缕线。

2. 直丝缕：面料的直丝缕总是与布边平行，与经向线或直纱的方向一致。布边是指布料两边的机织边缘。面料在直丝缕方向上的强度最大，弹性最小。

3. 横丝缕：横丝缕与直丝缕垂直，与纬向线或横纱的方向一致。横丝缕比直丝缕稍有弹性。立体裁剪时横丝缕通常与地面平行。

4. 正斜丝缕；找出正斜丝缕很容易，将面料折叠，使直丝缕与横丝缕形成45°角，这就形成了正斜丝缕。正斜丝缕面料具有较大弹性，比直丝缕面料及横丝缕面料更容易拉伸。当设计要求既体现形体曲线又不想加省道时，通常采用斜裁。

5. 胸点：人台或真实人体胸部最凸的位置。在立体裁剪中，胸点是在前片坯布上建立横丝缕方向的参考点。

6. 顺直：对准纱线并调整部分样板。修正时，样板上的参考线应该与人体上的基准线及尺寸相对应。如果样板的经向线及纬向线不垂直，服装便会出现扭曲、松垂或上拉的现象。

7. 袖窿圆顺：袖悬垂时应稍前倾，并能符合袖窿曲线。为达到此种效果，后袖窿要比前袖窿大1.3cm，而且呈马蹄形，多出的 1.3cm 使后衣身延伸到前肩线。

8. 水平线：胸围线、腰围线和臀围线应平行于地面。服装纬向应总是平行于这些线。否则，服装将会松垂或上拉。

9. 垂直线：前中心线及后中心线应总是与地面垂直。因此服装经向应与这些线平行，否则服装将会扭曲或上拉。

10. 侧缝顺直：前后侧缝的形状及长度应相同。宽松上衣或喇叭裙两侧侧缝与经向之间的角度应相同。长衣或直筒裙侧缝应与前后中心经向平行。

11. 吃量：缝线的一边均匀分布很少的展开量，与稍微短的另一边缝合，不出现抽褶或活褶。用于袖山、公主线及其他区域的造型。

12. 点线：立体裁剪布料上的铅笔标记用于记录缝线或分割线，作为修正的依据。

13. 松量：立体裁剪样板基础上加放一定量，使服装更舒适、更易于人体活动。

14. 布料余量：操作到待定区域（如肩部、腰部、颈部、侧缝、胸部）的多余布料。

15. 折叠：将部分布料背对背合起，形成夹层，用于制作省道、褶裥、缝褶或折边。

16. 抽褶：将布料展开量抽缩在一条缝线上。

17. 对位：将两裁片上的裁口标记或其他标记对在一起。

18. 省道：将多余布料特定宽度折起，折出宽度向一端或两端逐渐缩小至点。

19. 缝份：将服装不同部分缝合在一起时布料的缝合量。

第二章　衣身原型的省道变化设计

省道的变化是服装造型设计变化的基础，是学习者了解服装结构、建立服装立体空间概念的过程。设计师通过省道的不同部位的变化和组合，可以完成结构设计、分割和造型设计。学习好省道的变化与设计可以为服装整体造型设计奠定良好的基础。

服装立体造型时所选面料的尺寸一般是在实际款式用料尺寸基础上的上下左右各加 6~10cm，特殊服装的用料尺寸根据实际情况而定。

第一节　衣身原型的立体裁剪

一、款式特点

衣身原型是合体廓型，需注意胸围线以上的曲面处理，以及与人台颈高的关系（图 2-1-1）。

二、造型重点步骤

1. 将前衣身坯布与人台覆合，要求前中线、胸围线、腰围线覆合一致（图 2-1-2）。
2. 将侧缝固定，使胸围线成水平状，形成前浮余量（图 2-1-3）。
3. 将前浮余量放到胸围线处，横向对准 BP 的省道，将其消除，将领口作剪切口，放平整（图 2-1-4）。
4. 在前衣身领口、肩缝、侧缝的造型标记线处留 2cm 缝份，然后剪去多余量（图 2-1-5）。

图2-1-1

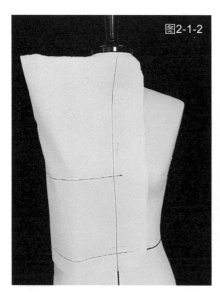

图2-1-2

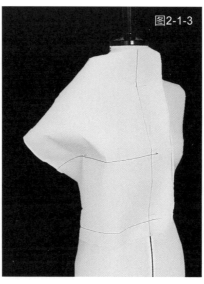

图2-1-3

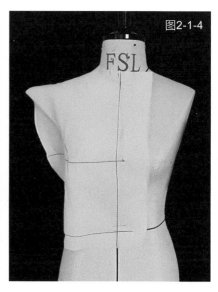

图2-1-4

5. 将后衣身坯布与人台覆合，要求后中线、胸围线、腰围线覆合一致（图2-1-6）。

6. 将后背宽线抚平，多余量置于肩缝形成后浮余量（图2-1-7）。

7. 将后领口作剪切口抚平，然后将后浮余量放到袖窿处，通过横向省道消除（图2-1-8）。

8. 在后领口、肩线、袖窿、侧缝的造型标记线处顶留 2cm 缝份，然后剪去多余量（图2-1-9）。

9. 将前后衣身作毛缝连接，要使前后衣身整体对齐，外型要平整（图2-1-10）。

10. 将衣身坯布取下置于平面上，烫平后侧轮廓线，并修剪多余量，形成正式的前后衣身原型坯布（图2-1-11）。

11. 将衣身坯布用大头制作净缝固定，所有缝份都按后侧倒向前侧的方向固定。大头针每隔 2cm 别一针，每针都要平行，形成整齐美观的前、侧、后视图（图2-1-12）。

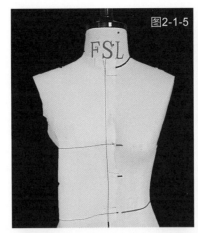

图2-1-5

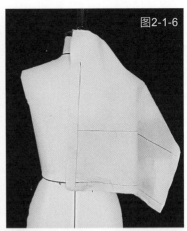

图2-1-6

图2-1-7

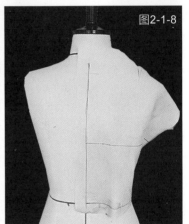

图2-1-8

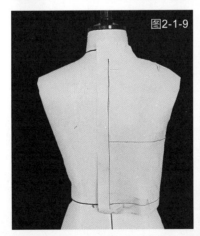

图2-1-9

图2-1-10

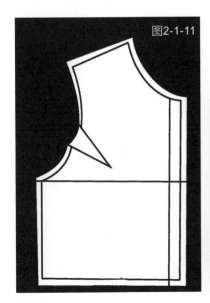

图2-1-11

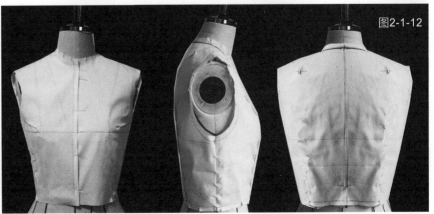

图2-1-12

第二节　领口省的变化设计

一、款式特点

此款原型将前片省量转移到领口部位（图2-2-1）。

二、造型重点步骤

1. 将前片中心线对准人台中心线，胸围线与人台胸围线保持一致。固定BP，保持胸围线水平，从侧缝向前轻推，为前衣片加入松量，在侧缝处固定。将侧缝处衣片抚平，保证胸部和腰部的空间，确定侧缝，在腰围线处固定，腰围缝份打剪口，在前片领口线上确定省位，将袖窿处的余量向肩部转移，再继续推向领口，形成指向BP的领口省（图2-2-2）。

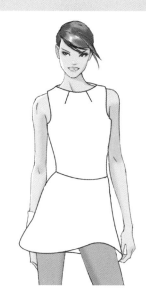

图2-2-1

2. BP周围留松量0.3cm并用大头针别合，侧面留松量，观察省的方向、位置及省量，抓合并用大头针别住省道。将领口、肩线、袖窿部以及侧缝等余布剪去（图2-2-3）。

3. 将前片与侧缝线别合，画好点影线，取下大头针并调整板型。穿回人台，进行再次观察和调整（图2-2-4）。

4. 完成效果（图2-2-5）。

后片制作方法：将后片中心线、胸围线与人台中心线、胸围线相贴合，注意背宽线与后中心线要垂直

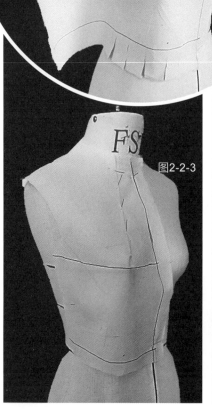

图2-2-2

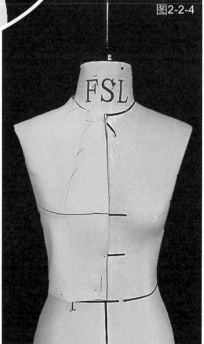

图2-2-4

图2-2-3

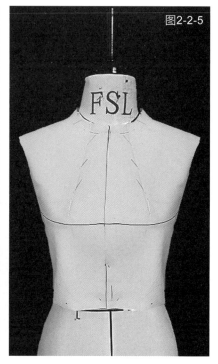

图2-2-5

（图2-2-6）；按照箭头所指方向依次将衣片调整平顺，将后背省转移至后公主线，抓合省量（图2-2-7）；调整衣片，腰部打剪口使衣片平顺自然，并留有一定松量，将省量别合，去掉袖窿及侧缝部位的余布（图2-2-8）；将后片与前片相别合，画好点影线，取下大头针并调整板型；重新别合后穿回人台，进行再次观察和调整（图2-2-9）；完成效果（图2-2-10）；取下衣片，拓印前后片纸样（图2-2-11）。

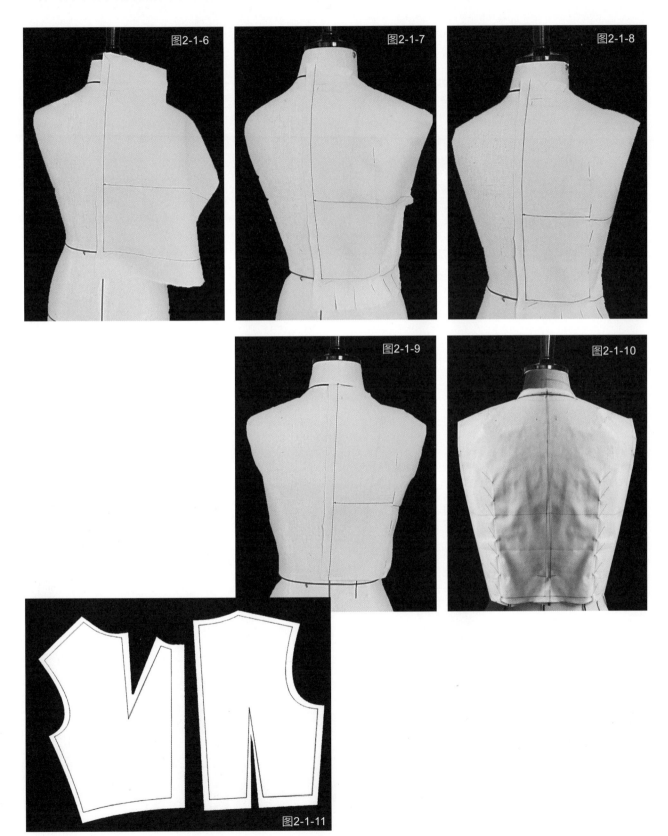

图2-1-6

图2-1-7

图2-1-8

图2-1-9

图2-1-10

图2-1-11

第三节　侧缝省的变化设计

一、款式特点

此款原型将前片省量转移到侧缝（图2-3-1）。

二、造型重点步骤

1. 将前片中心线、胸围线与人台对应的基准线重合。固定前颈点下方和BP并留松量0.3cm，向上抚平衣片，剪去领部多余的量，打剪口使领部平服。如图2-3-2所示，向侧缝抚平衣片，使余量倒向侧缝（图2-3-3）。

2. 从侧缝向前轻推，在胸围线上口放2.5cm松量，腰部放1.5cm左右的松量，用大头针固定侧缝，同时在腰部打剪口，使布符合人台曲线。其余省量推向侧面胸围线。以胸围线为省的中心线，抓合省量，省尖方向指向BP，BP距离省尖3cm左右。注意要圆顺地收至省尖，表面不可产生尖角。轻拉衣片侧边，形成箱型转折面。观察外形及松量，在腰围线侧缝处固定，腰围缝份打剪口。剪去肩线、袖窿部位及侧缝余布（图2-3-4）。

3. 沿净缝做出点影，修整板型，用折别法直接进行省的别合，并完成与后片的成形别合操作（图2-3-5）。

4. 完成效果（图2-3-6）。

5. 最后将调整好的衣片取下，修正、拓印纸样（图2-3-7）。

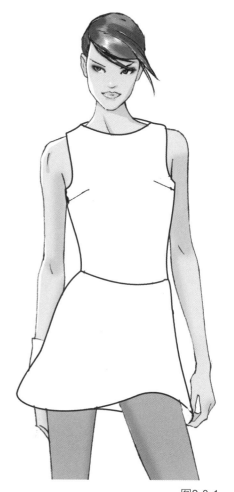

图2-3-1

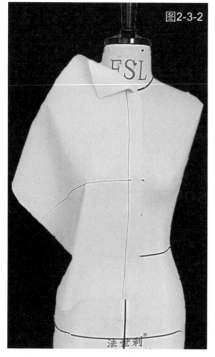

图2-3-2

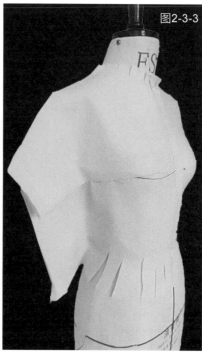

图2-3-3

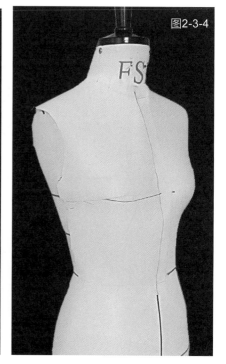

图2-3-4

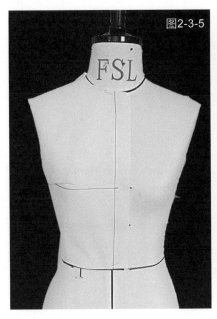

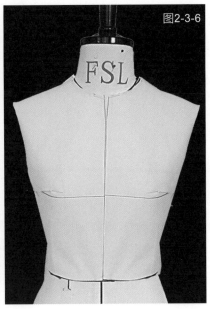

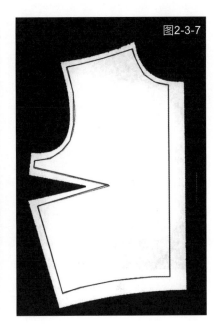

图2-3-5　　　　　　　　　　图2-3-6　　　　　　　　　　图2-3-7

第四节　胸沟省的变化设计

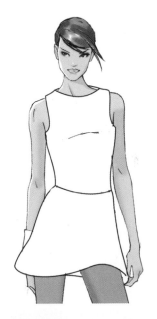

一、款式特点

此款设计是将胸腰省量转移到的中心线与BP之间，前中心线处做收省处理，使腰部收紧，胸部符合人台曲线（图2-4-1）。

二、造型重点步骤

1.前片中心线、胸围线与人台对应的基准线对准，在前颈点下方和BP处用大头针固定，剪出领口线。在侧颈点固定，顺势找出肩线，在肩端点固定（图2-4-2）。胸围线以上抚平，多余的量向下推向前中心处，此时的胸围线向下移动。前胸宽加入一定的松量，在侧缝固定，顺势向下，在腰围线固定大头针。将胸腰部余量推向前中心。

图2-4-1

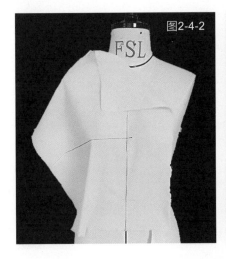

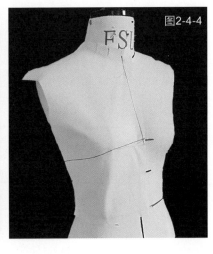

图2-4-2　　　　　　　　　　图2-4-3　　　　　　　　　　图2-4-4

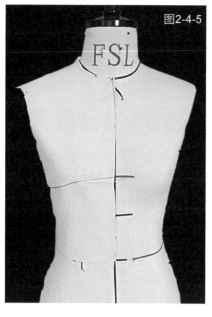

图2-4-5

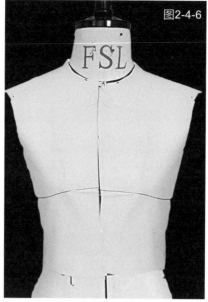

图2-4-6

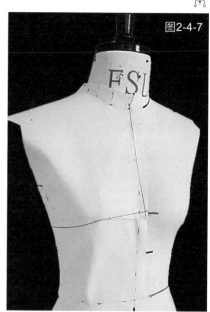

图2-4-7

2. 沿前中心线自下而上剪开，并向上在胸围线附近捏出横向省，找出省尖位置，并剪开省道。注意保持省道两侧对称（图2-4-3）。

3. 别合好横向省道。在腰部留出一定的松量，将上下多余的部分沿前中心线用重叠法别合。调整后剪去多余的量（图2-4-4）。

4. 用折别法直接将前中心省别合，剪去腰部的余布，观察衣身的松量和造型，进行调整。修剪肩线和袖窿处多余的布，与后片别合成形（图2-4-5）。

5. 取下大头针并调整板型。重新别合后穿回人台，进行再次观察和调整（图2-4-6）。

6. 完成效果（图2-4-7）。

7. 最后将调整好的衣片取下，修正、拓印纸样（图2-4-8）。

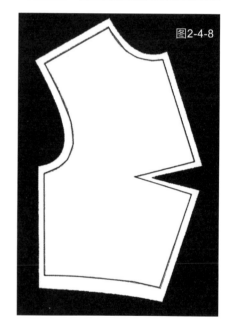

图2-4-8

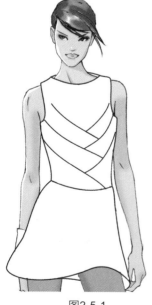

图2-5-1

第五节　折叠人字型省的变化设计

一、款式特点

此款将胸省移至前衣身，并分解成三个斜形折叠造型的立体裁剪，前浮余量斜转入斜形折叠造型（图2-5-1）。

二、造型重点步骤

1. 取长 = 衣长 +20cm，宽 = 胸围 /2+30cm 的坯布，画出纵向前中线，横向胸围线，腰围线，并覆盖在人台上，对准前中线、胸围线、腰围线（图5-5-2）。

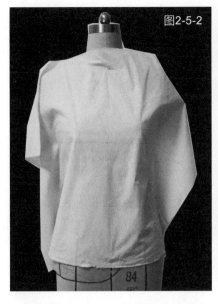

图2-5-2

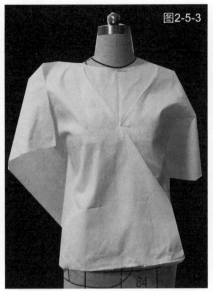

图2-5-3

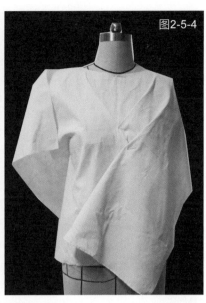

图2-5-4

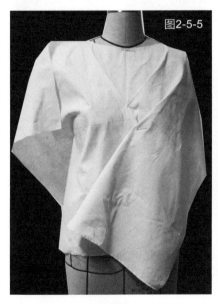

图2-5-5

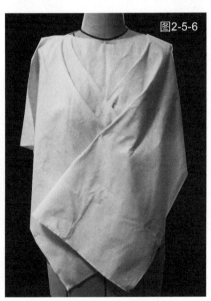

图2-5-6

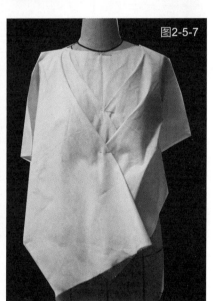

图2-5-7

2. 在衣身左侧作斜向造型线并按造型线做斜向褶裥，褶裥量 3~4cm（图2-5-3）。

3. 在衣身右侧作斜向造型线并按造型线做斜向褶裥，褶裥量与左侧相同。在与第一个褶裥相交处将其剪开，以便进行第二个褶裥折叠（图2-5-4）。

4. 在衣身左侧作斜向造型线，并按造型线做第二条斜向褶裥（图2-5-5）。

5. 与前述方法相同，做出右侧第二条褶裥（图2-5-6）。

6. 与前述方法相同，在作出左侧褶裥造型线并沿线剪开，以便折出第三条褶裥（图2-5-7）。

7. 依次做出左右的第三条褶裥（图2-5-8、图2-5-9）。

8. 最后完成衣身人字型褶裥的前视图（图2-5-10）。

9. 将布样取下，烫平修正，画顺完成图（图2-5-11）。

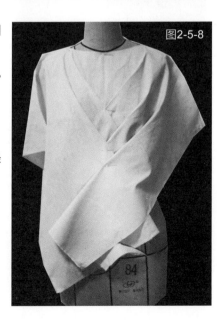

图2-5-8

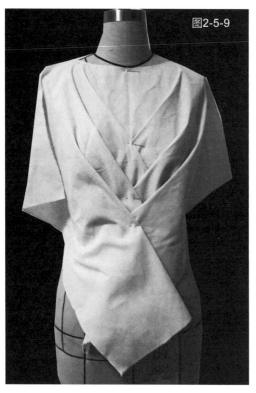

图2-5-9

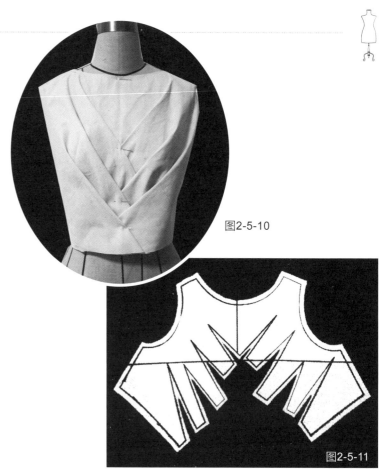

图2-5-10

图2-5-11

第六节 扭曲造型省的变化设计

一、款式特点

此款为卡腰型，将胸省移至前中做扭曲造型（图2-6-1）。

二、造型重点步骤

1. 取长＝腰节长＋20cm，宽＝胸围/4+15cm 的坯布，画上纵向前后中心线和面料丝缕方向线，以及横向胸围线和腰围线。再将坯布和人台覆合一致（图2-6-2）。

2. 在前中心线上下做剪切口，剪切口长度约20cm，制作过程中视具体情况可再剪（图2-6-3）。

3. 将左边衣身扭曲并将反面扭至正面（图2-6-4）。

4. 将衣身面料的扭曲部分整理成斜形皱褶（图2-6-5）。

5. 将整理好的扭曲衣身用大头针固定于人台，扭曲的布结头约

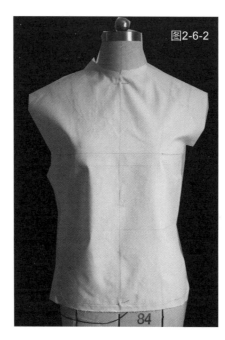

图2-6-2

图2-6-1

5~7cm 宽（图 2-6-6）。

6. 观察左右衣身，扭曲后产生的斜形褶皱是否一致，然后将领口折光（图 2-6-7）。

7. 在布样上画标记线，标出衣身的袖窿、腰线，并剪去多余量（图 2-6-8）。

8. 将布样取下，烫平整理成最终样板（图 2-6-9）。

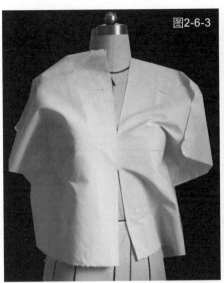

图2-6-3

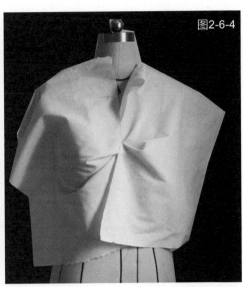

图2-6-4

图2-6-5

图2-6-6

图2-6-7

图2-6-8

图2-6-9

第三章 裙装立体裁剪

一、款式特点

裙身廓型：H 型。

结构要点：臀腰差处理。

腰围线以下曲面处理：

前裙身——采用前腰省、侧缝处理臀腰差；

后裙身——采用后腰省、侧缝处理臀腰差。

造型如图 3-1-1。

二、造型重点步骤

1. 将前裙身坯布的前中线、腰围线及臀围线与人台的相应标记线对齐，用大头针固定（图 3-1-2）。

2. 将坯布侧缝平整地固定于人台上，要求臀围线处加放松量约 2cm（图 3-1-3）。

3. 在腰缝处作剪切口，使腰部平整后收腰省，收腰省后裙身应整体平整（图 3-1-4）。

4. 在腰部、侧缝处作标记线，预留 2cm 缝份后剪去多余量（图 3-1-5）。

5. 将后裙身坯布与人台覆合一致（指将坯布的各标记线与人台的相应标记线对齐），将坯布侧缝平整固定于人台，臀围部位加放约 1.5cm 的松量（图 3-1-6）。

6. 在腰缝处作剪切口，使腰部平整后收腰省，腰省收取后裙身应整体平整（图 3-1-7）。

7. 在腰部、侧缝处作标记线，预留 2cm 缝份后剪去多余量（图 3-1-8）。

8. 将裙身布样取下置于熨台上烫平，画顺、修正造型线，剪去多余量（图 3-1-9）。

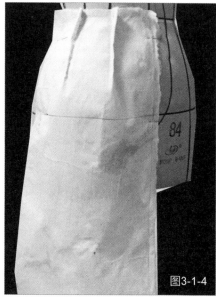

图3-1-1

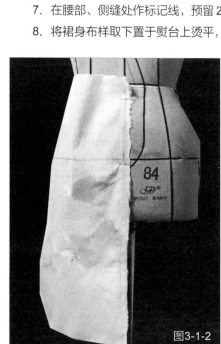

图3-1-2

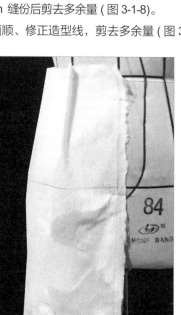

图3-1-3

图3-1-4

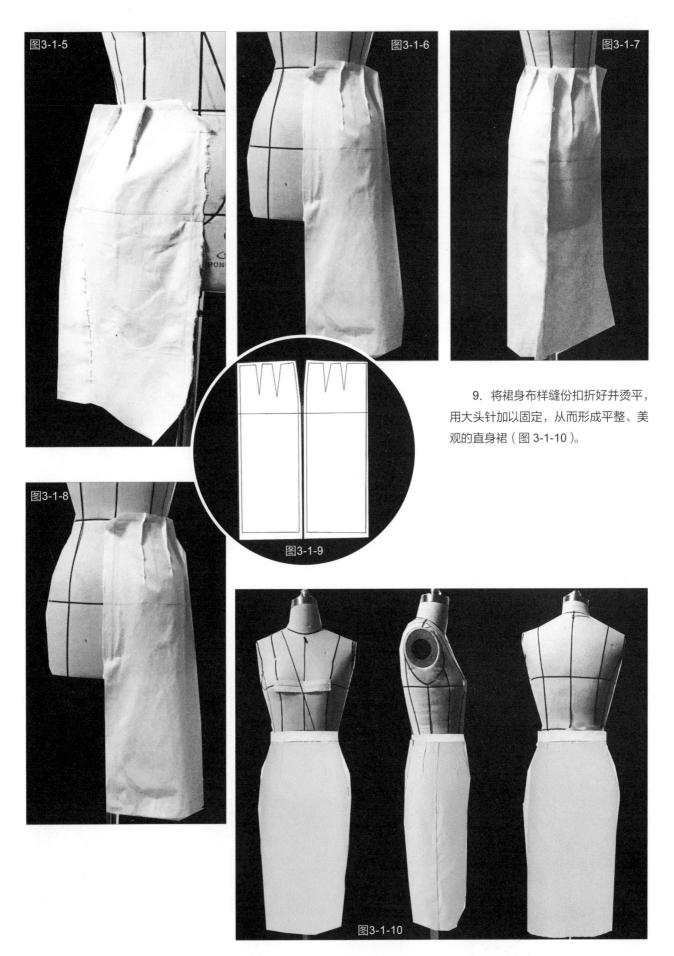

图3-1-5

图3-1-6

图3-1-7

图3-1-8

图3-1-9

9. 将裙身布样缝份扣折好并烫平，用大头针加以固定，从而形成平整、美观的直身裙（图3-1-10）。

图3-1-10

第二节　A型波浪裙

一、款式特点

　　裙身廓型：腰部贴体，臀部略扩张，整体呈A型。

　　结构要点：斜向分割，每个裙片都为直料。

　　腰围线以下曲面处理：

　　前裙身——将腰臀差分解到各个斜形裙片中；

　　后裙身——将腰臀差分解到各个斜形裙片中。

　　造型如图3-2-1。

二、造型重点步骤

　　1. 取长＝裙长+10cm、宽＝臀围/2+10cm的直料坯布两块分别作为前、后裙身坯布，然后画出前后中线、腰围线、臀围线，再与人台的相应标记线对齐（图3-2-2）。

　　2. 将腰部余量收省。考虑到人台腰围一般比人体腰围小2cm，故在侧缝的腰围处要多加放松量（图3-2-3）。

　　3. 考虑到要制作A型裙，故前后裙身的两边各设置一个腰省，同时臀围共加放10cm以下的松量（图3-2-4）。

　　4. 完成A型裙侧部造型（图3-2-5）。

　　5. 完成A型裙前部造型（图3-2-6）。

　　6. 将前、后裙身布样取下并烫平，然后画顺、修正造型线，再对布样进行垂直方向错位(4cm以上)和水平力向错位(10cm以上)（图3-2-7）。

　　7. 将A型裙身变为垂直、水平错位的裙身，注意腰围、臀围和下摆的长度保持不变，并分别将三者进行三等分，从而使前、后裙身布样又各形成3块斜形裙片，总计6块裙片（图3-2-8）。

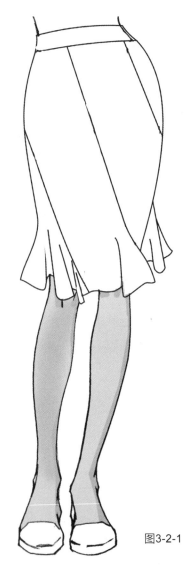

图3-2-1

图3-2-2

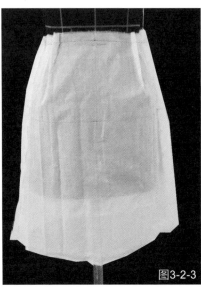

图3-2-3

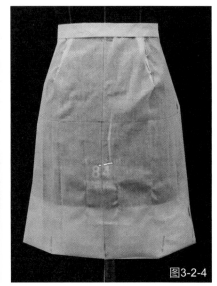

图3-2-4

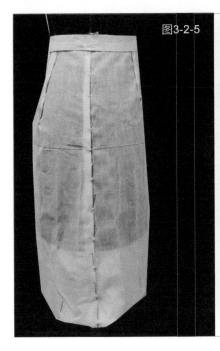

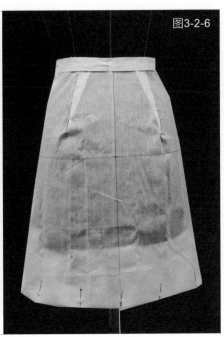

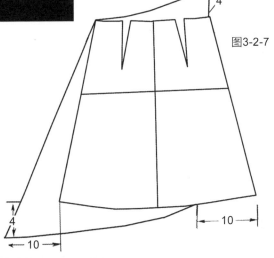

图3-2-7

8. 取其中一块斜形裙片，在下摆处进行剪切，形成波浪形，再用另一块坯布复制该裙片并画顺下摆（图3-2-9），其他5块裙片也同样处理，从而形成新的6块裙片。

9. 在人台上，将6块裙片用大头针固定在一起，形成斜向分割的波浪裙，然后再进行局部调整。

10. 最后将裙片缝制成型，参见图3-2-10。

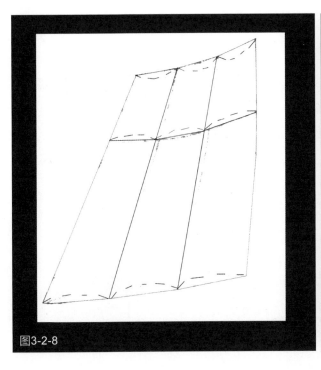

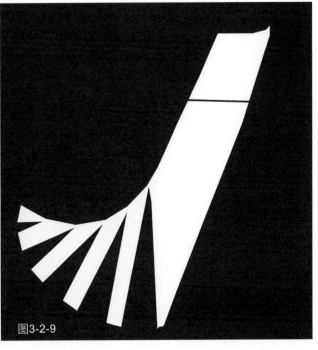

图3-2-10

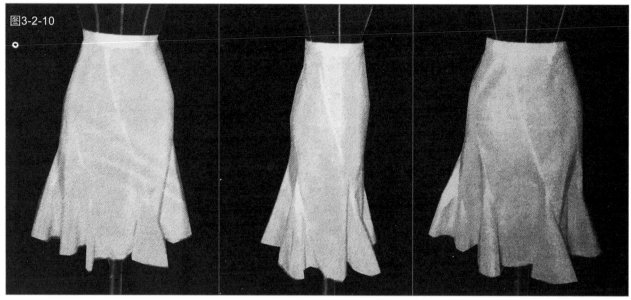

第三节　垂褶裙

一、款式特点

裙身廓型：H型直身裙，采用45°斜裁坯布，前、后中线分割。

结构要点：在侧缝处制作三个垂褶。

腰围线以下曲面处理：

前裙身——采用腰部折裥处理臀腰差；

后裙身——采用腰部折裥处理臀腰差。

垂褶造型：采用45°斜裁坯布，腰部折裥量每个3~4cm。

造型如图3-3-1。

二、造型重点步骤

1. 取长＝裙长＋40cm、宽＝臀围/2＋40cm的直料坯布一块。画出纵向中线、横向腰围线、臀围线。将坯布的中线对准人台侧缝线，缝份扣折好后，将坯布的腰围线对准人台的腰围线，然后拉出第一个垂褶，注意垂褶的中线要始终对准人台的侧缝线（图3-3-2）。

2. 折叠前裙身腰部折裥，以取得第二个垂褶量（图3-3-3）。

3. 折叠后裙身腰部折裥，折裥量与前裙身相同，以取得第二个垂褶量（图3-3-4）。

4. 按前述同样方法操作，在前、后身取得第三个垂褶（图3-3-5）。

5. 整体调整三个折裥与三个垂褶，使之均衡、对称、美观（图3-3-6）。

6. 参照人台的前、后中线，在坯布上作前、后中线的标记线并剪去多余量（图3-3-7）。

7. 确定裙长、下摆线时，用直尺从地面向上量取固定长度并作标记，以使裙子下摆保持水平。将画好的下摆线留出2cm缝份并剪去多余量（图3-3-8）。

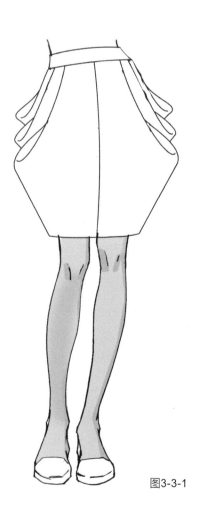

图3-3-1

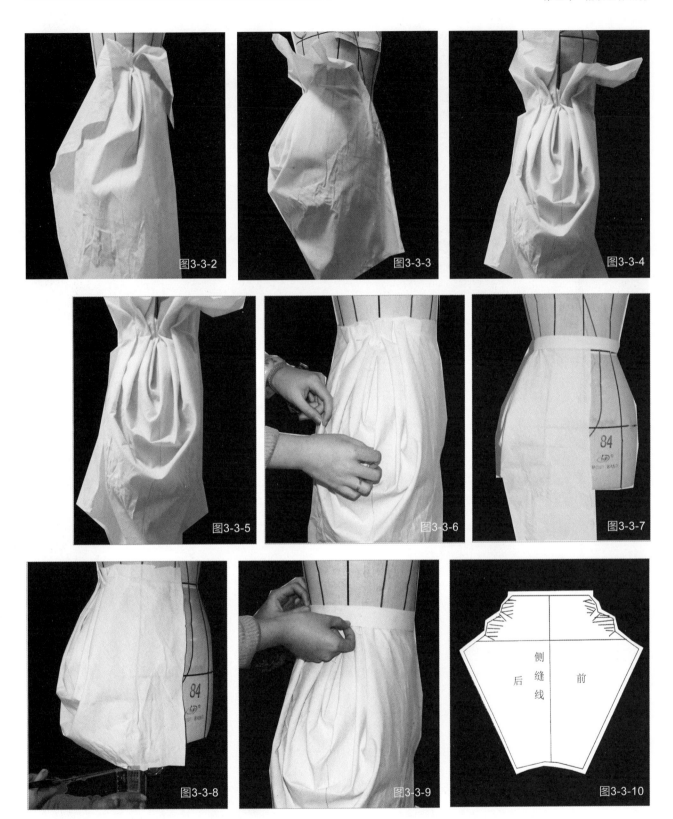

图3-3-2　　图3-3-3　　图3-3-4

图3-3-5　　图3-3-6　　图3-3-7

图3-3-8　　图3-3-9　　图3-3-10

8. 另取长＝腰围、宽＝3cm 的直料坯布两块分别作为裙腰的面、里坯布。制作好裙腰后，将裙腰装在裙身上，然后整体调整裙身垂褶造型（图 3-3-9）。

9. 将布样取下烫平，画顺、修正造型线，完成正式的布样（图 3-3-10）。

10. 最后将修正好的布样缝制成型（图 3-3-11）。

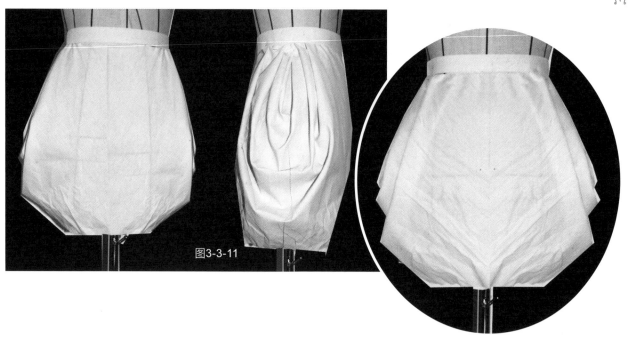

图3-3-11

第四节　斜褶直身裙

一、款式特点

　　裙身廓型：后片 H 型直身裙，前片采用 45° 斜裁捏褶。

　　结构要点：在前片右侧腰部捏六个褶裥。

　　腰围线以下曲面处理：

　　前裙身——采用腰部褶裥处理臀腰差；

　　后裙身——采用腰部收省处理臀腰差。

　　造型如图 3-4-1。

二、造型重点步骤

　　1. 取长 = 裙长 + 40cm（裙褶余量）
= 95cm、宽 =100cm 的经向布料，在
距上布边 5cm 处画腰围线，再从腰围
线向下量 18cm 处画臀围线；距左侧布
边 40cm 处画一条前中心线并固定于人
体模型上（图 3-4-2）。

　　2. 将右侧面料拉向左侧从前中心
位置开始做斜褶，褶量 = 4~5cm（图
3-4-3）。

　　3. 做六个斜褶排列至侧腰点，注意
褶的疏密节奏与整体的平衡统一。由于
裙片被向上斜拉，前中心线也随之倾斜
至左侧缝处（图 3-4-4）。

　　4. 裙褶造型确定后取臀围处放松量

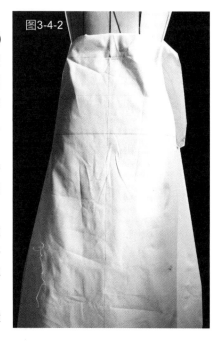

图3-4-2

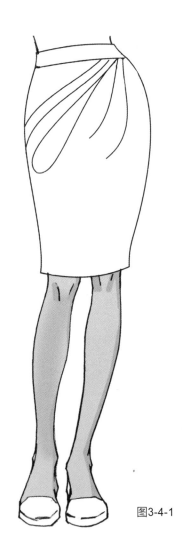

图3-4-1

1cm，下摆处收进 1cm 固定好侧缝位置，留出缝份 1cm 后修剪腰围线和侧缝线，然后取裙长 55cm 修整裙摆呈水平状（图3-4-5）。

5. 如图 3-4-6，后裙片为直身裙造型，下摆与前片保持平齐。

6. 取 宽 = 3.5cm（腰 宽）+1cm（缝份）、长 = 腰围 + 5cm（叠门与缝份量）的双层横向面料为腰头，并连接在裙片腰节线上。完成后的造型见图 3-4-7。

图3-4-3

图3-4-4

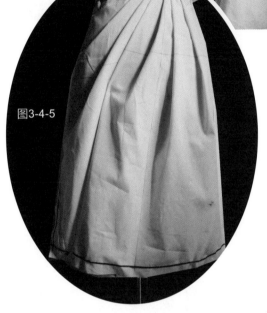

图3-4-5

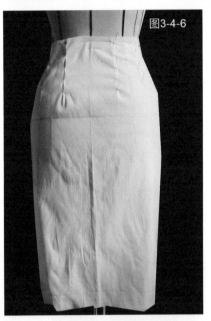

图3-4-6

图3-4-7

第五节　波浪裙

一、款式特点

裙身廓型：采用45°斜裁坯布。

结构要点：在前、后裙片处各制作六个垂褶。

腰围线以下曲面处理：

前裙身——采用45°斜褶处理臀腰差；

后裙身——采用45°斜褶处理臀腰差。

垂褶造型：采用45°斜裁坯布，褶裥量每个3~4cm。

造型如图3-5-1。

二、造型重点步骤

1. 按照款式要求在人台上贴出标记线（图3-5-2）。

2. 将裙片前中心线与人台前中心线相贴合，固定腰部（图3-5-3）。

3. 向下拉伸裙片，使之在第一波浪点产生波浪褶，波浪起伏的大小因款式而定（图3-5-4）。

4. 沿腰围线向侧缝线推移裙片并依次下拉裙片，使之产生第二个波浪褶，腰部绷紧处打剪口（图3-5-5）。

5. 将波浪褶推至侧缝线，调整前片造型并将余布去掉（图3-5-6）。

6. 后裙片制作方法与前裙片相同，拉伸裙片时注意前后裙片造型的褶要均衡（图3-5-7）。

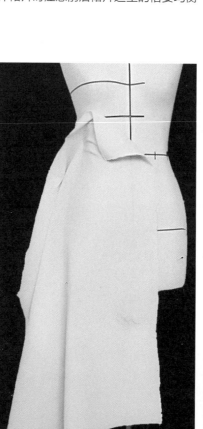

图3-5-1

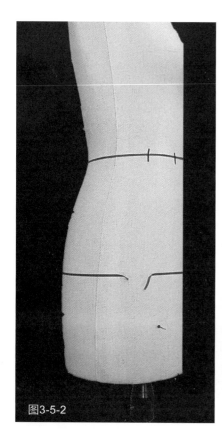

图3-5-2

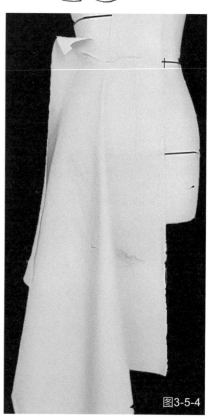

图3-5-3

图3-5-4

图3-5-5

图3-5-6

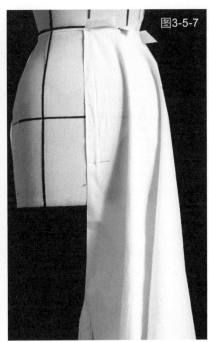
图3-5-7

7. 调整后裙片造型，检查侧缝线前后裙片丝缕方向是否一致，并剪去余布（图3-5-8）。

8. 调整好裙片造型，确定裙长，裙下摆要与地面平行（图3-5-9）。

9. 完成正面、侧面、背面效果图（图3-5-10）。

10. 将调整好的衣片取下，修正、拓印纸样（图3-5-11）。

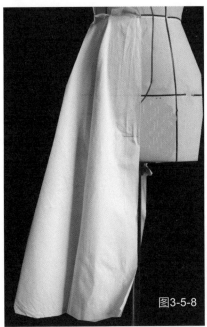
图3-5-8

图3-5-9

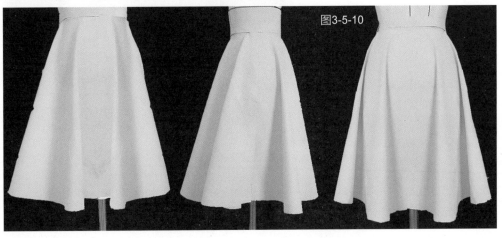
图3-5-10

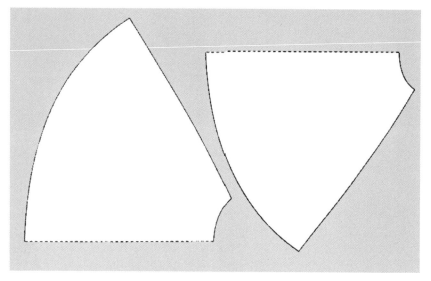

图3-5-11

第六节　吊钟型波浪裙

一、款式特点

　　裙身廓型：采用45°斜裁坯布，形成花蕾吊垂形

　　结构要点：在前、后裙片处各制作六个垂褶，并在裙子末端扎起

　　腰围线以下曲面处理：

　　前裙身——采用45°斜褶处理臀腰差；

　　后裙身——采用45°斜褶处理臀腰差。

　　垂褶造型：采用45°斜裁坯布，褶裥量每个3~4cm

　　造型如图 3-6-1。

图3-6-1

二、造型重点步骤

　　1. 制作吊钟形波浪裙之前首先制作款式所需的衬裙，其形状一般为较短的斜裙，制作方法与斜裙的剪裁方法相同（图3-6-2）。

　　2. 衬裙制作完后将外裙片前中心线与人台前中心线相贴合，在腰部别合并向侧缝线推移拉伸裙片使之产生波浪裙（图3-6-3）。

　　3. 根据款式要求，剪裁出所需的波浪褶数量，将腰部余布剪去（图3-6-4）。

　　4. 抓合波浪裙片下摆并向上推移，使之产生膨胀感并与衬裙相别合。后片与前片制作方法相同并在

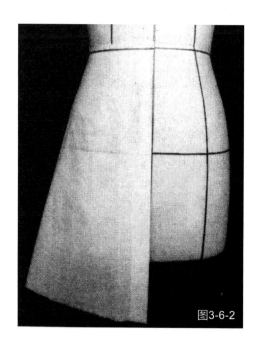

图3-6-2

侧缝线处别合（图 3-6-5）。

　　5.调整吊钟形波浪裙造型，下摆褶皱程度及所需长度确定后，剪去余布（图 3-6-6、图 3-6-7）。

　　6.完成正面、侧面、背面效果图（图 3-6-8）。

　　7.将调整好的衣片取下，修正、拓印纸样（图 3-6-9）。

图3-6-3

图3-6-4

图3-6-5

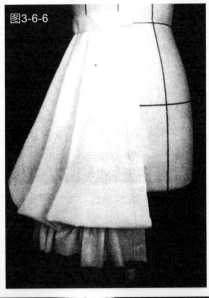

图3-6-6

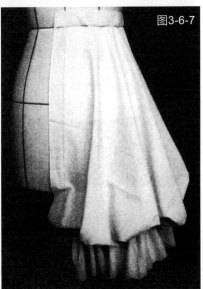

图3-6-7

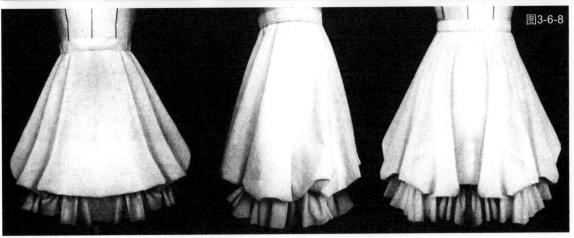

图3-6-8

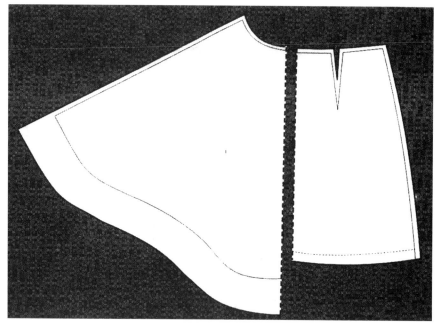

图3-6-9

第七节　横向分割与缩褶裙

一、款式特点

裙身廓型：A字下摆。

结构要点：胸围以上做横向分割，以下缩褶。

胸围线以下处理：

缩褶长裙在分割线一侧衣身上作褶裥；

形成自然流畅的衣褶。

造型如图 3-7-1。

二、造型重点步骤

1. 按款式要求在人台模型上做出横向分割线。

2. 取分割线上部衣片，其长、宽比分割部分稍大，做出横向分割线的标记线且放出 1cm 后剪去多余量（图 3-7-2、图 3-7-3）。

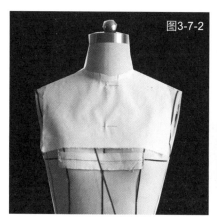

图3-7-2

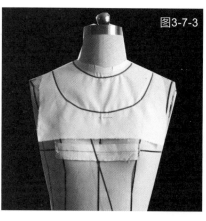

图3-7-3

图3-7-1

3. 取长 = 衣长 +10cm、宽 = 胸围 / 2+30cm（褶量 + 预留量）的直丝缕布料做出前中心线、胸围线后，与人台上的前中心线、胸围线覆合一致，并做出褶皱（图 3-7-4、图 3-7-5）。

4. 将做成褶裥的衣身沿分割造型的标记线做标记，并剪去标记 1cm 以外的部分（图 3-7-6）。

5. 将小片折光后与大片衣身拼接，完成造型（图 3-7-7 ）。

6. 将后片衣身亦做出同前片衣身一样的整体造型。

7. 将调整好的衣片取下，修正、拓印纸样（图 3-7-8 ）。

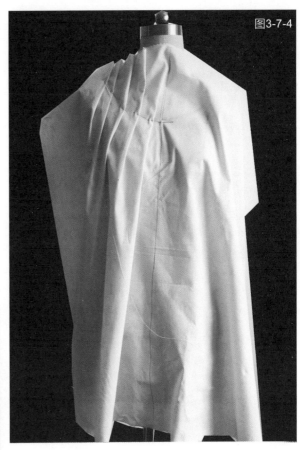

图3-7-4

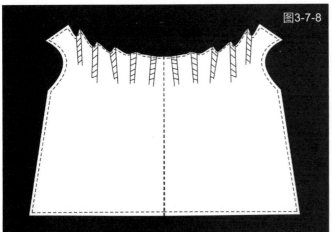

图3-7-8

图3-7-5

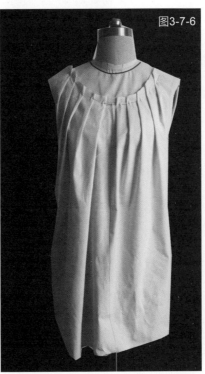

图3-7-6

图3-7-7

第八节　高腰吊带缩褶A字裙

一、款式特点

　　裙身廓型：A字下摆。

　　结构要点：高腰，在胸围以上做横向分割，以下缩褶。

　　胸围线以下处理：

　　缩褶长裙在胸下方做缩褶；

　　形成自然流畅的衣褶。

　　造型如图3-8-1。

二、造型重点步骤

　　1. 按款式要求在人台模型上做出分割线，前面凸出
胸部造型，背部比较平直（图3-8-2）。

　　2. 取分割线上部衣片，首先把白坯布的直丝缕、对准人台的前中心线（图3-8-3）。

　　3. 把胸部余量均匀的分散，先依图3-8-4所示，做出第一个胸省。

　　4. 把剩余的余量转至胸下，做出第二个胸省（图3-8-5）。

图3-8-1

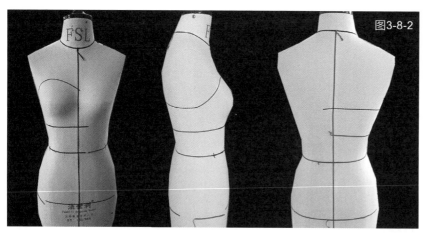

图3-8-2

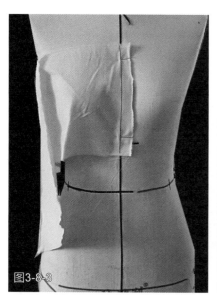

图3-8-3

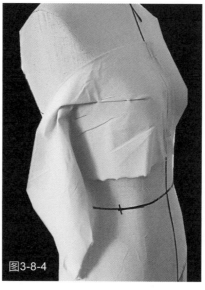

图3-8-4

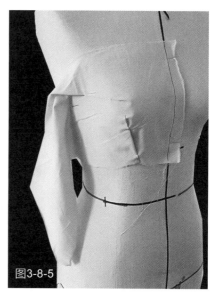

图3-8-5

6. 将侧缝固定好（图 3-8-6）。

7. 后背用面料覆合在人台上，并用手轻轻抚平，然后把侧缝处处理至与前片重合（图 3-8-7）。

8. 将侧缝减去多余部分，仅留 1cm 缝份后别净（图 3-8-8）。

9. 前片也把多余布量减去（图 3-8-9）。

10. 取一条宽 3.5cm 的布条做肩带，将其缝份左右各 1cm 烫好（图 3-8-10）。

11. 将肩带按设计图别至肩头（图 3-8-11）。

12. 将肩带多余部分裁去（图 3-8-12）。

13. 取长 = 裙长 +3cm、宽 = 腰围 /4+10cm 松量的一块布，做裙子的前、后片，并把布的直丝缕和人台的前、后分别与中心线对齐（图 3-8-13）。

14. 做好裙子的缩褶，使褶皱均匀、自然（图 3-8-14）。

15. 将多余部分裁去，把缝份及下摆处理干净（图 3-8-15）。

16. 完成正面、侧面、背面效果图（图 3-8-16）。

17. 将调整好的衣片取下，修正、拓印纸样（图 3-8-17）。

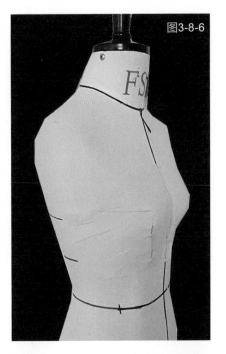

图3-8-6

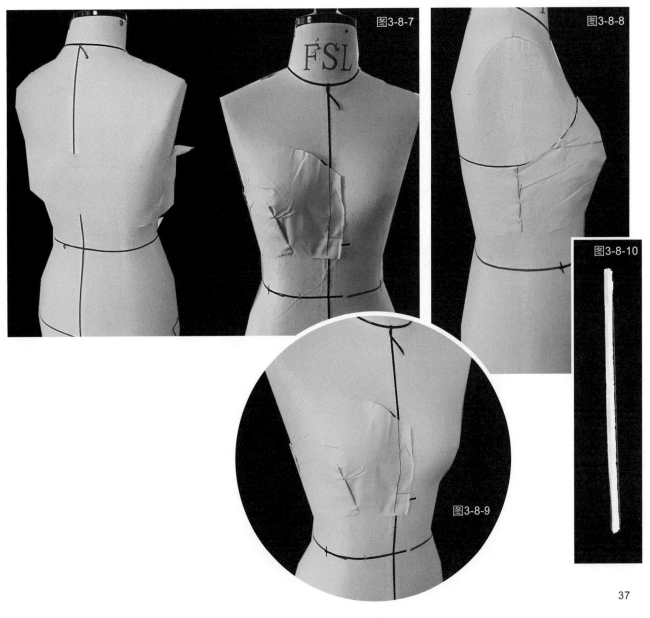

图3-8-7

图3-8-8

图3-8-9

图3-8-10

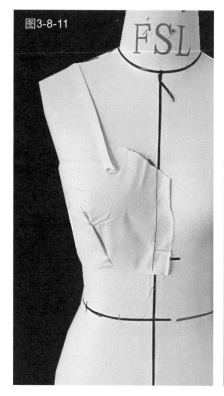

图3-8-11

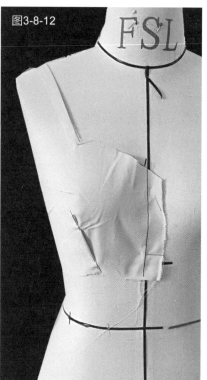

图3-8-12

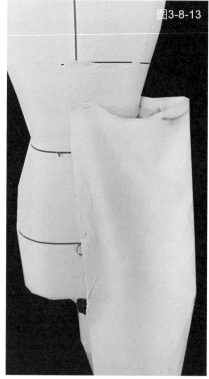

图3-8-13

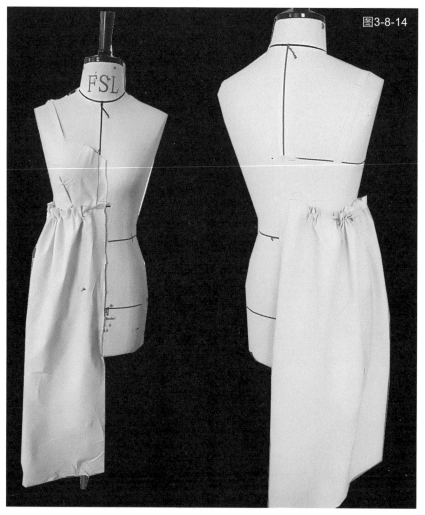

图3-8-14

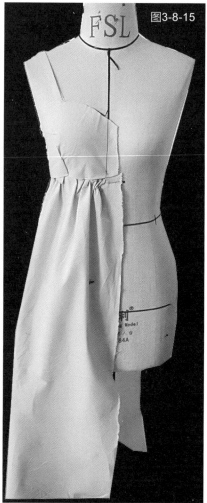

图3-8-15

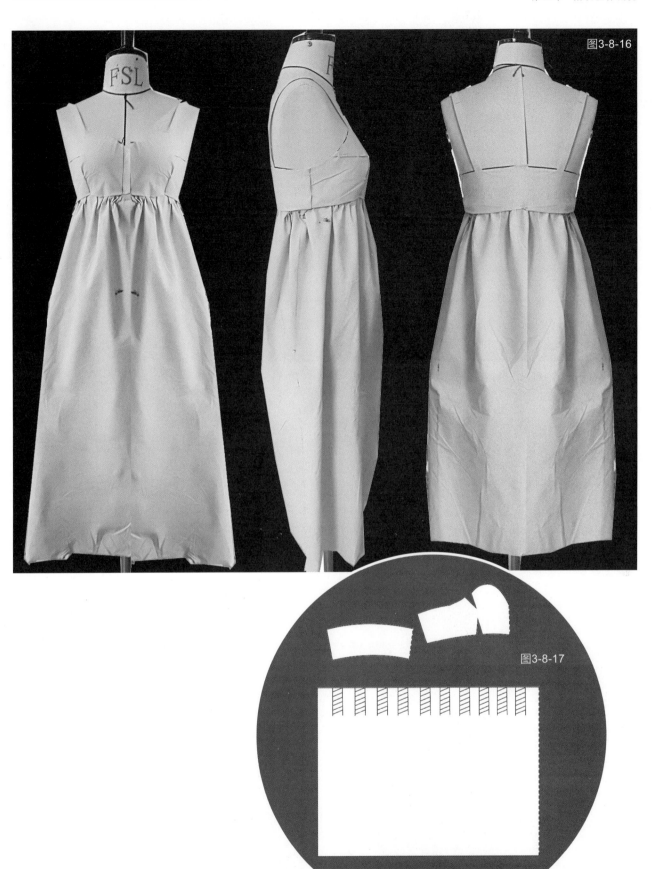

图3-8-16

图3-8-17

第四章 衣领立体裁剪

一、款式特点

领身廓型：领侧部倾斜角（领侧部与肩线的夹角）约为 95°。

结构要点：处理好立领与基础领窝之间的结构关系。

领窝造型：按基础领窝开低 1~1.5cm 设计。

领身造型：领座高按常规造型 3.5~4.5cm 设计。

造型如图 4-1-1。

二、造型重点步骤

1. 取一长条的直丝缕坯布作为领身坯布。领座高一般为 3.5~4.5cm，并画出领后中线。

2. 先按常规方法在人台上制作好前后基础衣身（图 4-1-2）。

3. 将领身坯布后中线对准衣身后中线，领身后中线预留 1cm 缝份，然后剪去左半部领身，再将余下领身平整地安装于领窝（图 4-1-3）。

4. 在靠近肩缝处的领身下口线作剪切口。然后将领身稍宽松地装于领窝，观察安装后的领身上口线形状是否与造型相符，不符则调整（图 4-l-4）。

5. 用标记线作出调整好的领身上口线（图 4-1-5）。

6. 观察侧面形态是否与造型相符，不符则进行适当调整（图 4-1-6）。

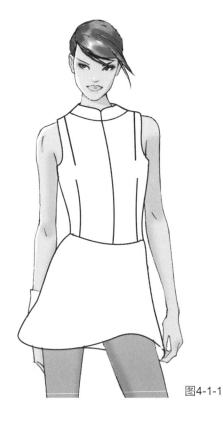

图4-1-1

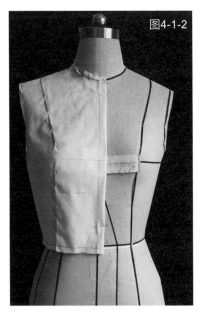

图4-1-2

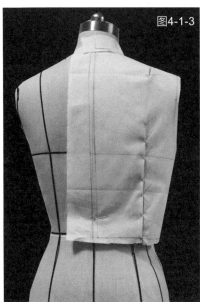

图4-1-3

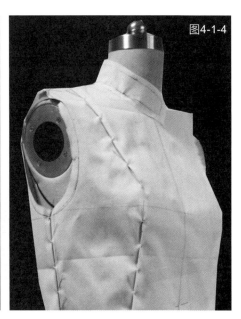

图4-1-4

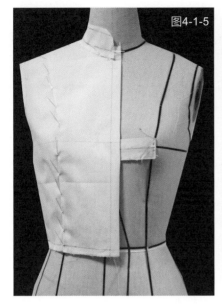

图4-1-5

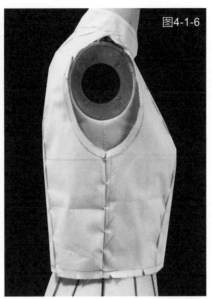

图4-1-6

7. 将领身及衣身布样取下并烫平，画顺、修正造型线，完成正式的领身及衣身布样（图 4-1-7）。

8. 最后完成造型见图 4-1-8。

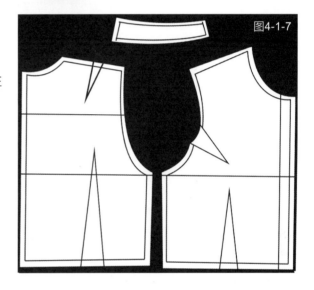

图4-1-7

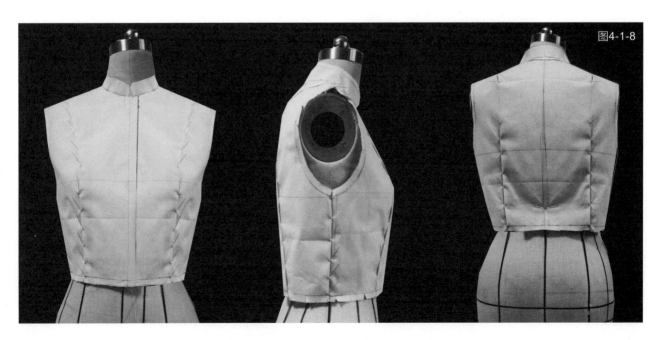

图4-1-8

第二节　翻立领

一、款式特点

领身廓型：前部有驳头和翻立领的造型，翻立领前上口线为直线，领侧部倾斜角约为 95°。

结构要点：处理好驳头与领身、翻立领的领座与翻领之间的结构关系。

领窝造型：按基础领窝开低 1.5~2cm 设计。距前中线 1cm 内处为装领点。

驳头造型：驳头翻折线为直线，驳头宽 9~11cm。

造型如图 4-2-1。

二、造型重点步骤

1. 取 2 块长条直丝缕坯布，一块作为领座坯布，一块作为翻领坯布。再按基本方法取衣身坯布一块。在三块坯布上画好标记线。

2. 将衣身坯布覆合于人台上，完成基本衣身的制作（图 4-2-2）。

3. 用标记线在前衣身上作出驳头造型（图 4-2-3）。

4. 驳头翻向正面后用标记线作出方形领窝（图 4-2-4）。

5. 将领座后中线对准衣身后中线，然后将领座平整地安装于领窝（图 4-2-5）。

6. 在靠近肩缝处的领身下口线作剪切口，然后将领座稍宽松地安装在衣身上（图 4-2-6）。

7. 观察整体领座造型，适当调整后用标记线作出最终造型，预留 1cm 缝份后剪去多余量（图 4-2-7）。

8. 将翻领上口线对准领座上口线，然后安装翻领，注意后部要保持平整（图 4-2-8）。

9. 侧部翻领上口要稍宽松地装于领座，注意翻领外口不能过紧、过松，要平整（图 4-2-9）。

图4-1-1

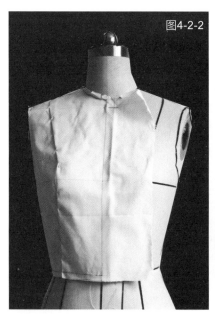

图4-2-2

图4-2-3

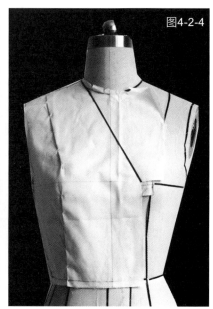

图4-2-4

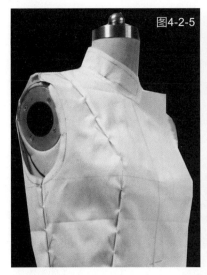
图4-2-5

图4-2-6

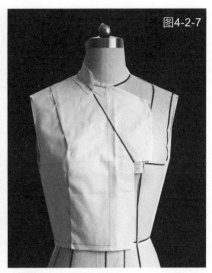
图4-2-7

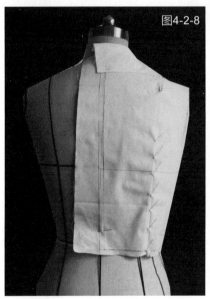
图4-2-8

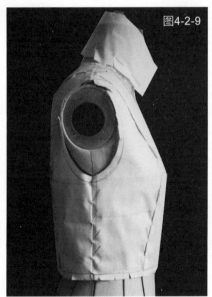
图4-2-9

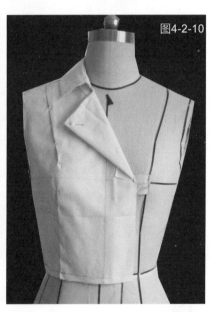
图4-2-10

10. 将前部翻领上口平整地装于领座，注意整体领身要保持平整，然后用标记线作出翻领造型线，预留1cm缝份后剪去多余量（图4-2-10）。

11. 将领座、翻领及衣身的布样取下并烫平，画顺、修正造型线，完成正式的布样（图4-2-11）。

12. 最后完成造型见图4-2-12。

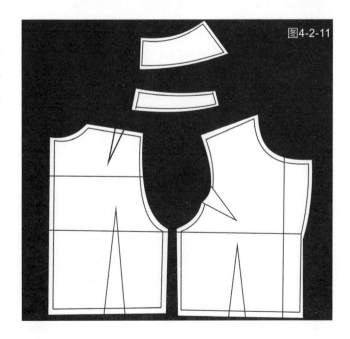
图4-2-11

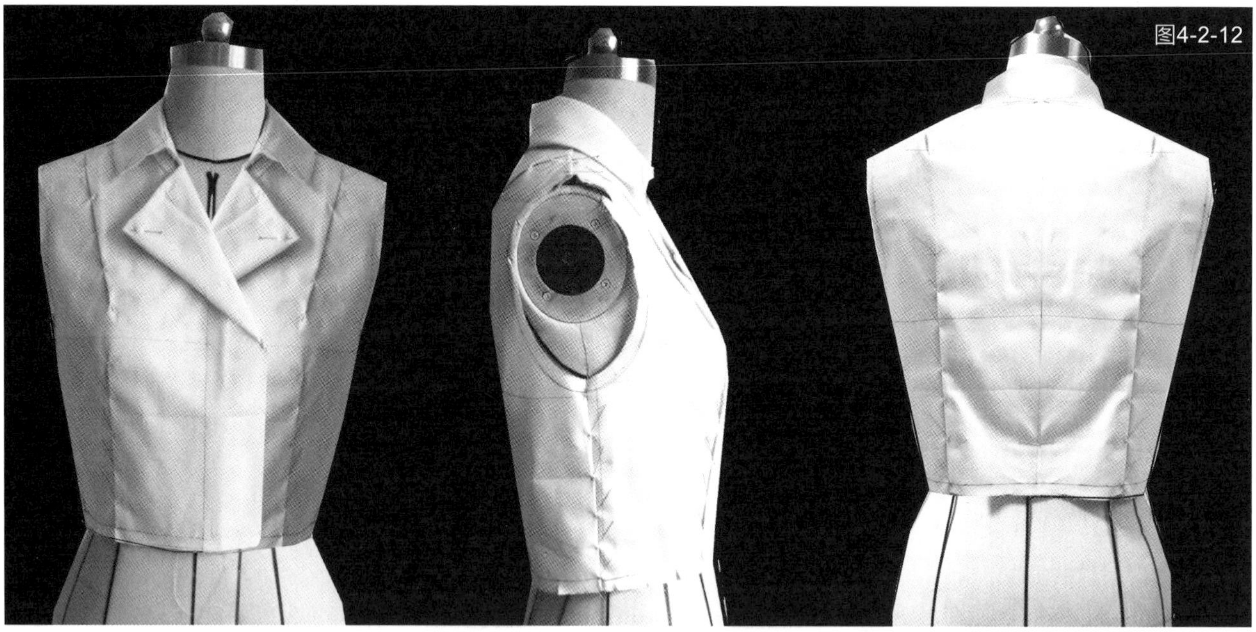

图4-2-12

第三节　连身立领

一、款式特点

领身廓型：领侧部倾斜角约为 45°，领身与人体颈部贴合，呈自然状。

结构要点：收领口省，既可使领身直立，又可消除胸、背部浮余量。

胸围线以上曲面处理：

前衣身——用一个领口省消除前胸部浮余量；

后衣身——用一个领门省消除后背部浮余量。

领窝造型：按基础领窝开低 1cm 设计，领座高按常规造型 3.5~4.5cm 设计。

造型如图 4-3-1。

二、造型重点步骤

1. 取长＝前腰节长41cm+15cm=56cm、宽=胸围/4+5cm的直丝缕坯布两块分别作为前、后衣身坯布，并将前衣身坯布与人台覆合一致(图4-3-2)。

2. 将腰部松量及前浮余量捋至前领窝处并收领口省(图 4-3-3)。

3. 将领口省剪开，以方便收省(图 4-3-4)。

4. 用大头针将领口省固定，注意领口省的形状要符合人台的颈、胸部形态(图 4-3-5)。

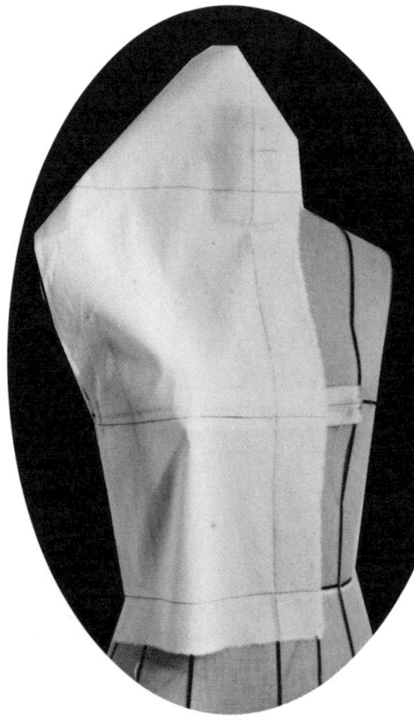

图4-3-2

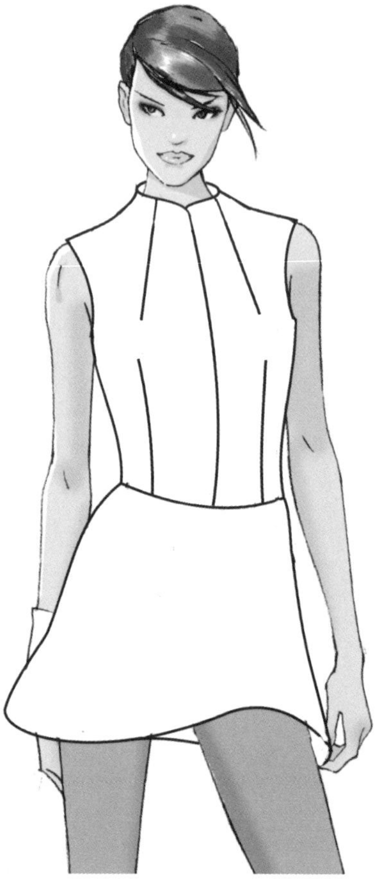

图4-3-1

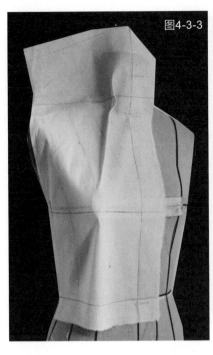

图4-3-3

图4-3-4

5. 将后衣身坯布与人台覆合一致（图4-3-6）。

6. 将腰部松量及后浮余量抨至后领窝处并收领口省（图4-3-7）。

7. 将领口省剪开，用大头针将其固定平整，注意领口省的形状要符合人台的颈部形态（图4-3-8）。

8. 将前、后衣身的肩线平整地固定在一起，并使之符合人台的颈部形态（图4-3-9）。

9. 完成正式布样，参见图4-3-10。

10. 最后完成造型见图4-3-11。

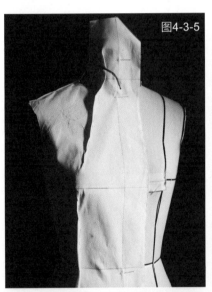

图4-3-5

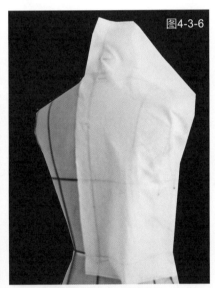

图4-3-6

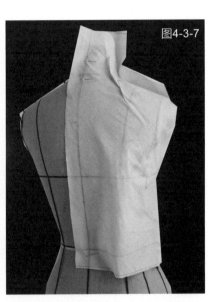

图4-3-7

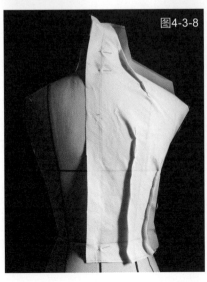

图4-3-8

图4-3-9

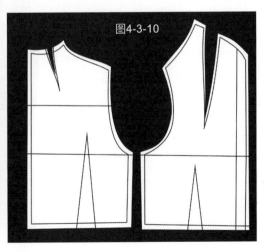

图4-3-10

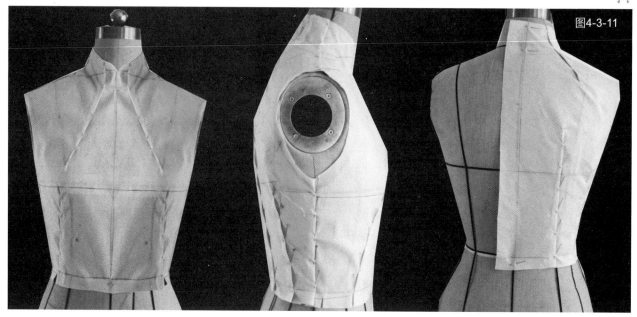

图4-3-11

第四节　翻折线为直线、翻折止点较高的翻折领

一、款式特点

领身廓型：翻折线为直线的翻折领，领侧部倾斜角约为 100°。

结构要点：处理好领座与基础领窝、翻领与领座之间的结构关系。

领窝造型：按基础领窝开低 1.5~2cm 设计。

领身造型：领座高按 4cm 设计。

造型如图 4-4-1。

二、造型重点步骤

1. 将前衣身坯布与人台覆合一致，完成前衣身的制作，然后在前衣身上用标记线作出领窝（图 4-4-2）。

2. 将后衣身坯布与人台覆合一致，然后完成后衣身的制作（图 4-4-3）。

3. 将领身坯布后中线处对准衣身后中线，将领身下口线平整地固定于后领窝（图 4-4-4）。

4. 将靠近肩缝处的领身下口线作剪切口，然后将领身稍拉开后固定于领窝。注意翻折线处的领身要平整，要与人台颈部自然吻合（图 4-4-5）。

5. 将领身翻向正面，观察翻折线是否自然顺直（图 4-4-6）。

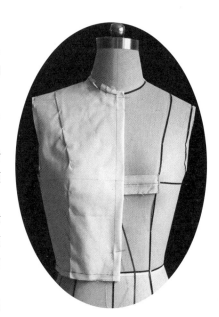

图4-4-2

图4-4-1

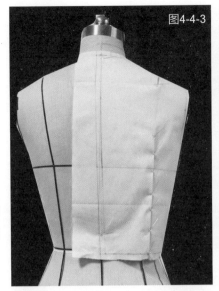

图4-4-3

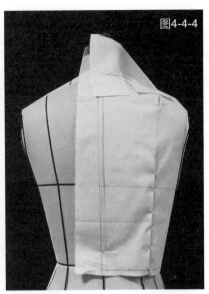

图4-4-4

6. 将领身再翻转，领下口线作剪切口后再将领身固定于领窝，注意应使翻折线保持顺直状态（图4-4-7）。

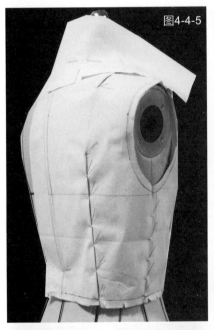

图4-4-5

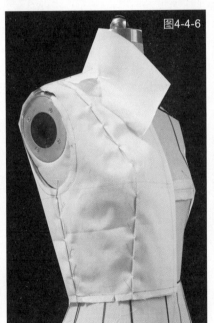

图4-4-6

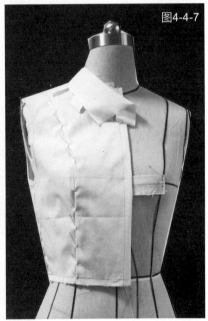

图4-4-7

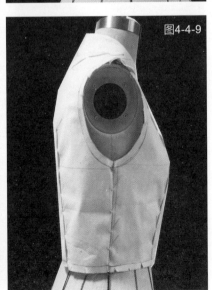

图4-4-8

图4-4-9

7. 继续按图 4-4-6 与图 4-4-7 的步骤操作，使翻折线始终呈直线状。在保持领身平整后将领身全部安装于领窝（图4-4-8）。

8. 将领身翻向正面，后领身按设计的领座高与翻领宽进行翻折（图4-4-9）。

9. 在领身上作造型标记线，预留 1cm 缝份后剪
去多余量 (图 4-4-10)。

10. 完成正式布样 (图 4-4-11)。

11. 最后完成造型 (图 4-4-12)。

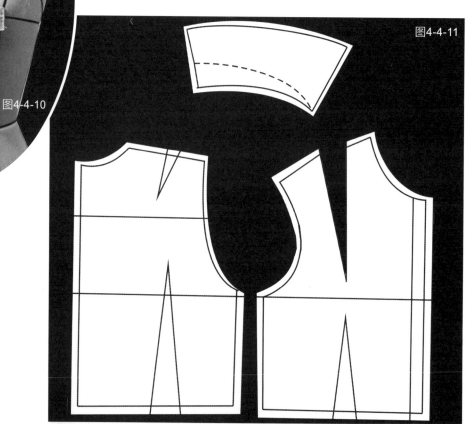

图4-4-10

图4-4-11

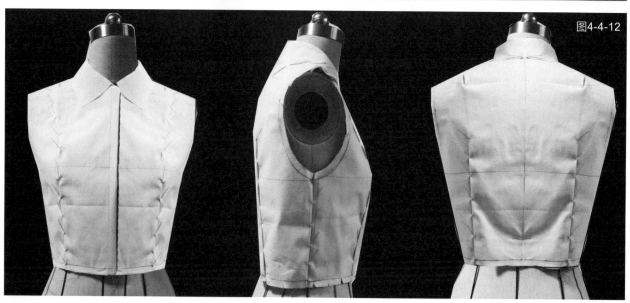

图4-4-12

第五节　翻折线为直线、翻折止点较低的翻折领

一、款式特点

　　领身廓型：翻折线为立线的翻折领，领侧部倾斜角约为 100°。

　　结构要点：处理好驳头与领身、领座与翻领之间的结构关系。

　　领窝造型：按基础领窝开低 5cm 设计。

　　领身造型：领座高按 3.5cm 设计。

　　造型如图 4-5-1。

二、造型重点步骤

　　1. 将前衣身坯布与人台覆合一致，完成前衣身的制作（图 4-5-2）。

　　2. 将后衣身坯布与人台覆合一致，完成后衣身的制作（图 4-5-3）。

　　3. 在前衣身上用标记线作出驳头造型（图 4-5-4）。

　　4. 将驳头翻向反面（图 4-5-5）。

　　5. 用标记线作出方形领窝（图 4-5-6）。

图4-5-1

　　6. 将领身坯布后部平整地固定于衣身领窝（图 4-5-7）。

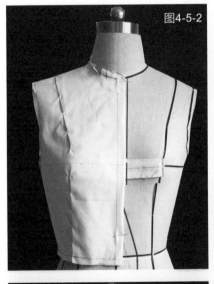

图4-5-2

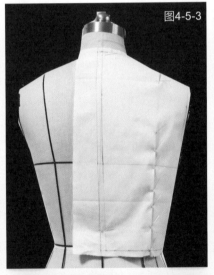

图4-5-3

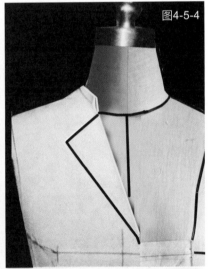

图4-5-4

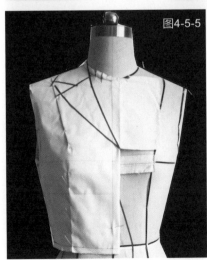

图4-5-5

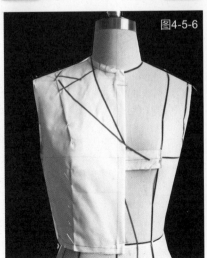

图4-5-6

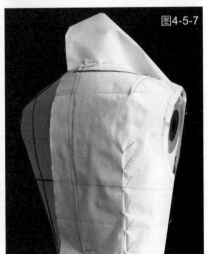

图4-5-7

7. 将靠近肩缝处的领身下口线作剪切口，然后将领身稍拉开 (图 4-7-8)。

8. 将领身翻向正面，观察领身翻折线是否与驳头翻折线连成自然顺直的直线，如不是则应调整领身的安装位置 (图 4-5-9)。

9. 将后领身按领座高和翻领宽的大小翻折后观察领外口线是否服贴，如不是则应调整领身的安装位置 (图 4-5-10)。

10. 反复调整后，必须使领身翻折线与驳头翻折线连成自然顺直的直线 (图 4-5-11)。

11. 将领身翻向反面，按方形领窝固定领身并预留 1cm 缝份，然后剪去多余量 (图 4-5-12)。

12. 将领身再翻向正面，在领身上作外轮廓标记线，预留 1cm 缝份并剪去多余量 (图 4-5-13)。

13. 将领身、衣身布样取下烫平，画顺、修正造型线，完成正式的布样（图 4-5-14）。

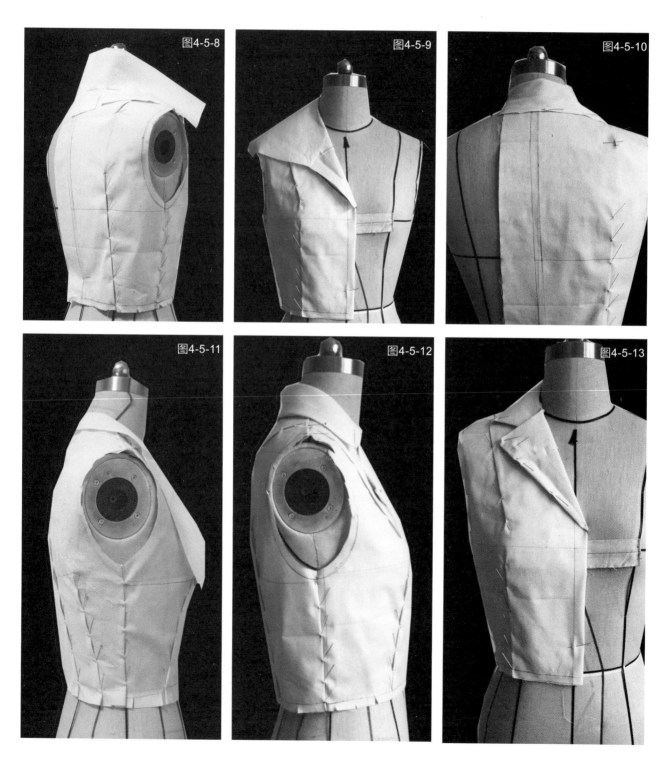

图4-5-8　图4-5-9　图4-5-10
图4-5-11　图4-5-12　图4-5-13

图4-5-14

第六节　翻折线为圆弧形的翻折领

一、款式特点

　　领身廓型：翻折线前部为圆弧形的翻折领，领侧部倾斜角约为100°。

　　结构要点：处理好翻折线的形状与领身下口线的结构关系。

　　领窝造型：基础领窝开低10~12cm设计，且呈圆弧状。

　　领身造型：领座高2.8cm设计，翻领宽＝领座高+1.5cm，领前部平坦造型。

　　如图4-6-1。

二、造型重点步骤

　　1. 先按常规方法在人台上制作好基础衣身（图4-6-2）。

　　2. 将领身坯布后中线对准衣身后中线，将领身下口线固定于后领窝（图4-6-3）。

　　3. 将靠近肩缝处的领身下口线作剪切口，然后将领身稍拉开（图4-6-4）。

　　4. 将领身向上提拉，使外口稍宽，继续将领身下口线作剪切口并将领身装于衣身领窝（图4-6-5）。

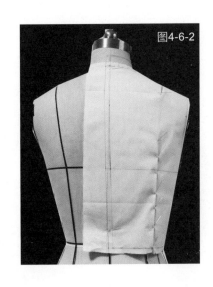

图4-6-2

图4-6-1

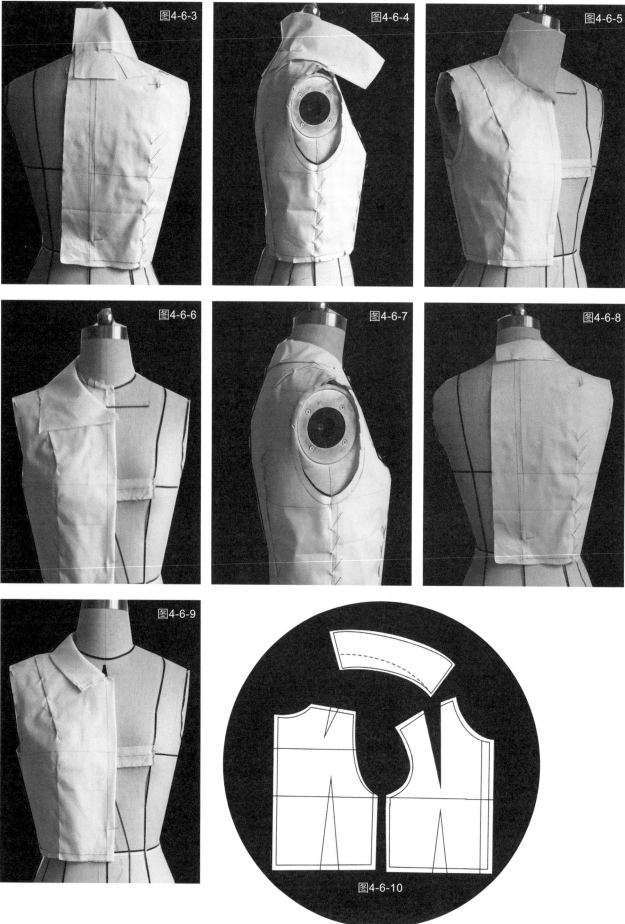

图4-6-3

图4-6-4

图4-6-5

图4-6-6

图4-6-7

图4-6-8

图4-6-9

图4-6-10

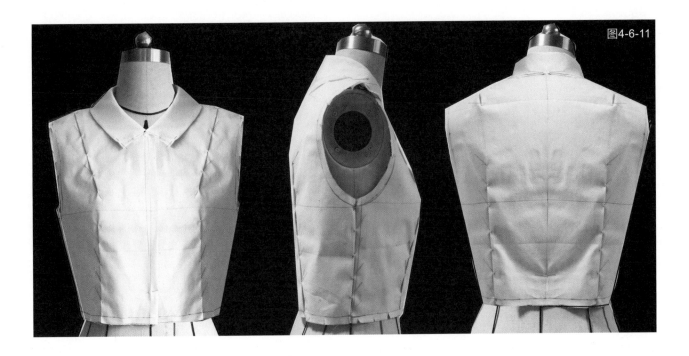

图4-6-11

5. 将领身翻向正面，观察翻折线是否为圆弧形，如不合适，可移动领下口线进行调整（图4-6-6～图4-6-8）。

6. 在领身上作外轮廓标记线，预留 1cm 缝份后剪去多余量（图4-6-9）。

7. 将领身、衣身布样取下烫平，画顺、修正造型线，完成正式的布样（图4-6-10）。

8. 最后将修正好的布样缝制成型（图4-6-11）。

第七节　横开领较大的翻折领

一、款式特点

领身廓型：翻折线为直线的翻折领，领侧部倾斜角约为 90°。

结构要点：处理好驳头与领身、领座与翻领之间的结构关系。

领窝造型：按基础领窝开低 7cm 设计。

领身造型：领座高按 2.5cm 设计。

造型如图 4-7-1。

二、造型重点步骤

1. 将前后衣身与人台覆合一致，完成前、后衣身的制作（图4-7-2）。

2. 按款式作出领窝及驳头造型（图4-7-3）。

3. 将领身坯布后中线对准衣身后中线，将领身下口线平整地固定于后领窝（图4-7-4）。

4. 将靠近肩缝处的领身下口线作剪切口，然后将领身稍拉开后装于领

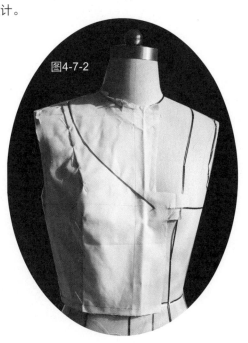

图4-7-2

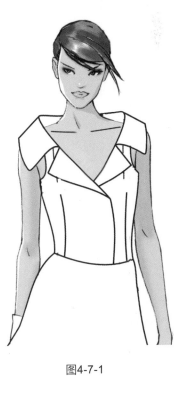

图4-7-1

窝（图 4-7-5）。

5. 将领身翻向反面，观察翻折线是否为直线，是否与款式设计相符，若不符则进行相应调整（图 4-7-6）。

6. 把领身翻向反面，将领身下口线按款式图领窝形状剪切、固定（图 4-7-7）。

7. 再将领身翻向正面，用标记线作出领身外轮廓线，然后预留 1cm 缝份再剪去多余量（图 4-7-8）。

8. 将领身、衣身布样取下烫平，画顺、修正造型线，完成正式的布样（图 4-7-9）。

9. 最后完成造型见图 4-7-10。

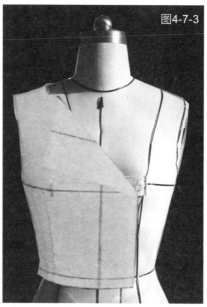

图4-7-3

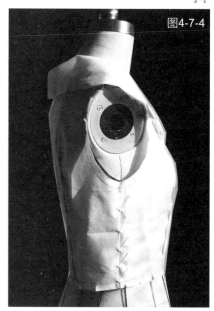

图4-7-4

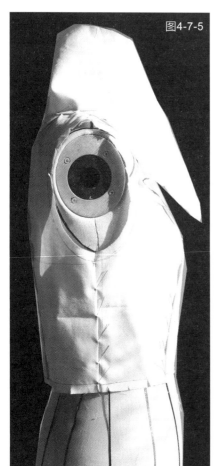

图4-7-5

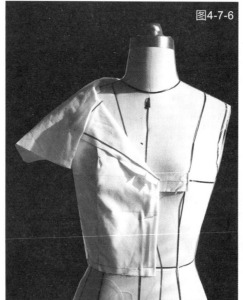

图4-7-6

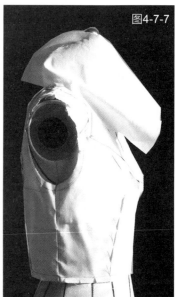

图4-7-7

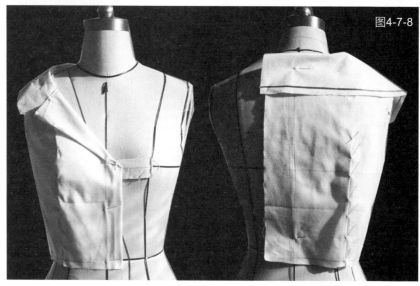

图4-7-8

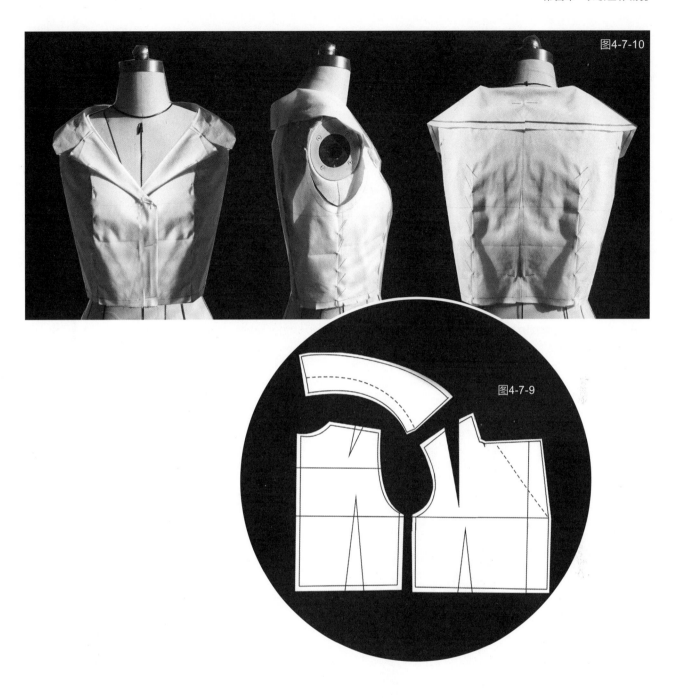

图4-7-10

图4-7-9

第八节　波浪领

一、款式特点

　　领身廓型：翻折线为圆弧形的翻折领，前部有波浪，后部较贴颈。

　　结构要点：在普通翻折领的基础上增加波浪量。

　　领窝造型：按基础领窝开低6cm设计。

　　领身造型：领座高在3cm内，翻领宽＝领座高＋余量（大于或等于3cm），波浪量每个约4cm，波浪数量酌情而定。

　　造型如图4-8-1。

图4-8-1

二、造型重点步骤

1. 将前、后衣身坯布与人台覆合一致，完成基础衣身的制作（图 4-8-2）。

2. 从领身坯布剪去一角处升始，将领身固定于领窝（图 4-8-3）。

3. 将领身与头颈贴近，一边剪切领身下口线，一边将领身固定于领窝（图 4-8-4）。

4. 在领身外口线作第一个波浪，然后剪切领身下口线并将其固定于领窝（图 4-8-5）。

5. 将领身翻向正面，观察波浪领的波浪量与位置是合适当，如不当则将领身子翻向反面以便进行调整（图 4-8-6）。

6. 按前述方法将各部位波浪依次完成，在正面观察效果并进行相应调整（图 4-8-7）。

7. 将领身下口线进行适当调整、剪切，将领身稍拉开，使波浪效果更好（图 4-8-8）。

8. 在领外口作造型标记线，剪去多余量（图 4-8-9）。

9. 将领身、衣身布样取下烫平，画顺、修正造型线，完成正式的布样（图 4-8-10)。

10. 最后完成造型见图 4-8-11。

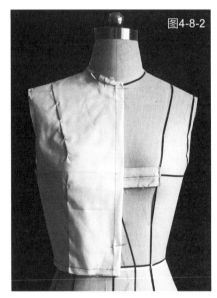

图4-8-2

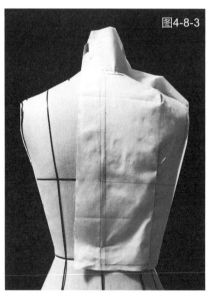

图4-8-3

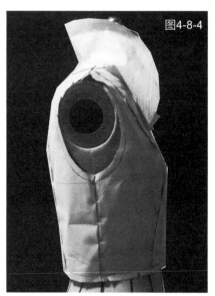

图4-8-4

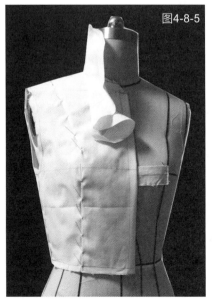

图4-8-5

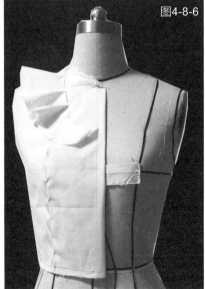

图4-8-6

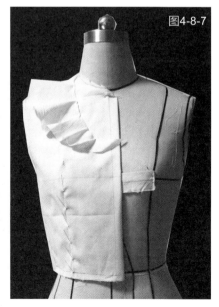

图4-8-7

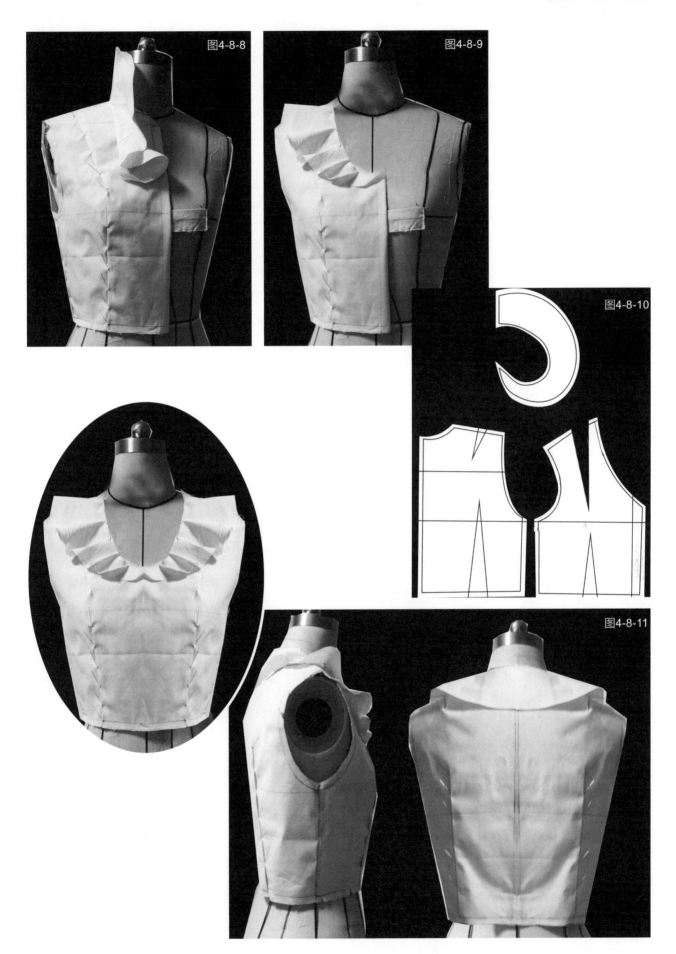

图4-8-8

图4-8-9

图4-8-10

图4-8-11

第九节　垂褶翻折领

一、款式特点

领身廓型：翻折线为圆弧形，翻折领前部设置垂褶，领侧部倾斜角约为 95°。

结构要点：翻折领的前部设置垂褶后产生结构变形。

领窝造型：按基础领窝开低 3cm 设计。

领身造型：前部设置两个垂褶，领身坯布为 45° 斜丝缕布料，前中线方向为正斜向。

造型如图 4-9-1。

二、造型重点步骤

1. 先在人台上制作好基础衣身，用标记线作出领窝线和垂褶翻折领的外轮廓线 (图 4-9-2)。

2. 测量领窝弧长，设计后领的领座高、翻领宽以及前领的领座高、翻领宽，作出基础领身，注意领前中线必须为连口设计 (图 4-9-3)。

3. 将基础领身装于领窝，安装时领身下口线要稍拉开 (图 4-9-4)。

4. 观察整体造型，并作局部调整 (图 4-9-5)。

5. 将领身翻向正面，观察正面造型 (尤其是褶量、领型) 是否合适 (图 4-9-6)。

图4-9-1

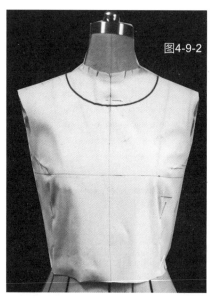

图4-9-2

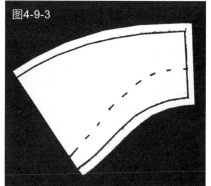

图4-9-3

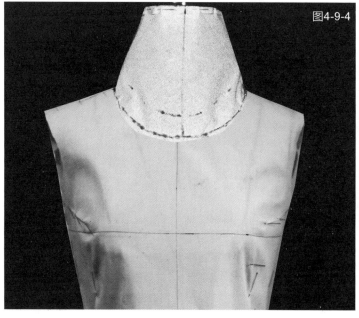

图4-9-4

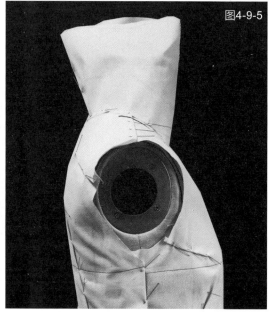

图4-9-5

6. 观察侧面造型 (图 4-9-7)。

7. 观察后面造型，后领身下口线要顺直平整，不能凹凸不平 (图 4-9-8)。

8. 将领身布样取下烫平，画顺、修正造型线，完成正式的布样 (图 4-9-9)。

9. 最后将修正好的布样缝制成型 (图 4-9-10)。

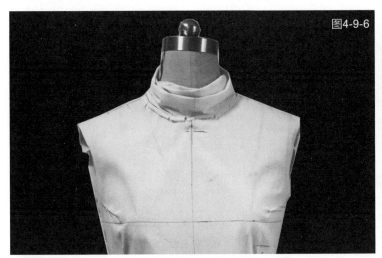
图4-9-6

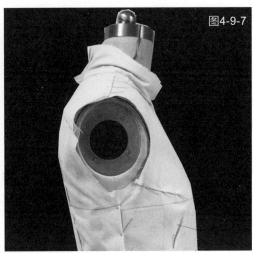
图4-9-7

图4-9-8

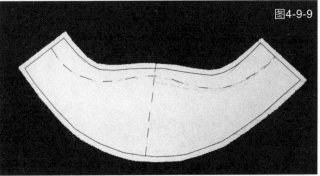
图4-9-9

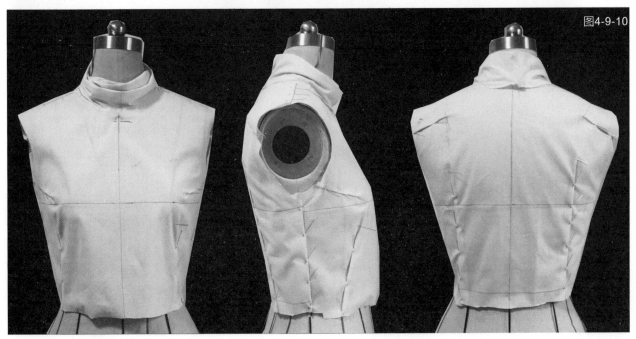
图4-9-10

第十节　叠荡领

一、款式特点

领身廓型：领身形成波浪状垂褶。

结构要点：必须采用 45° 斜料；垂褶要以人台的中线为对称线。

领窝造型：按基础领窝开低 12cm 设计。

领身造型：领口下有 2~3 个垂褶，肩部无褶裥。

造型如图 4-10-1。

二、造型重点步骤

1. 先在人台上作出垂褶领标记线，然后测量其上口弧线长度为 L（图 4-10-2）。

2. 取长 = L+45cm、宽 = 40cm 的 45° 斜丝缕坯布一块作为前衣身坯布，画出竖向中线作为前中线，然后如图 4-10-3 所示，剪左右两下角，后衣身坯布按常规衣身坯布取料并画出相应标记线。

3. 将前衣身坯布的前中线对准人台的前中线，将坯布固定于肩部并作出第一个垂褶，注意垂褶量的大小与坯布领上口弧线长度成正比 (图 4-10-4)。

4. 将左右肩部的坯布向上提，形成第二个垂褶，注意衣身坯布的前中线必须始终对准人台的前中线 (图 4-10-5)。

5. 按前述方法制作第三个垂褶，并剪切衣身下摆及腰部，使腰部平整 (图 4-10-6)。

6. 将后衣身坯布的后中线与人台的后中线对齐并固定，然后将腰部及后背部浮余量都捋至领口，形成领口省，同时，在腰部作剪切口，使之平整 (图 4-10-7)。

图4-10-2

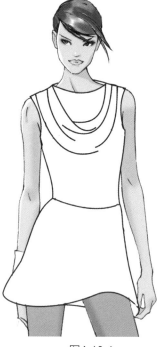

图4-10-1

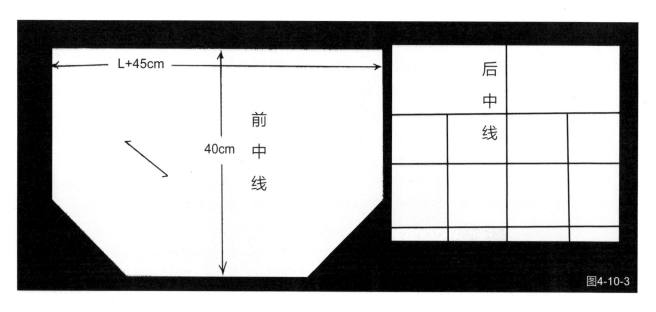

图4-10-3

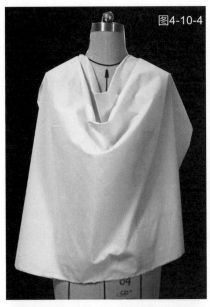

图4-10-4

图4-10-5

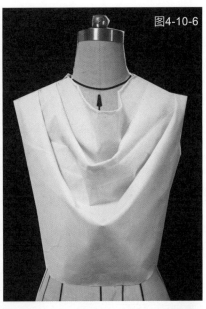

图4-10-6

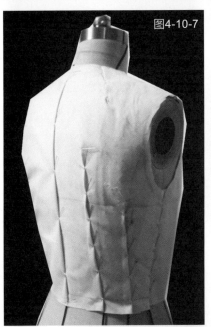

图4-10-7

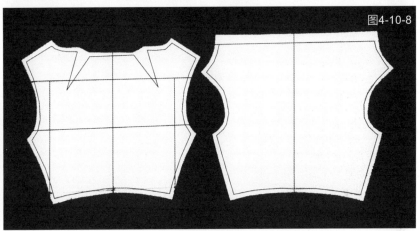

图4-10-8

7. 将前、后衣身布样取下烫平，画顺、修正造型线，完成正式的布样（图 4-10-8）。

8. 最后将修整好的布样缝制成型（图 4-10-9）。

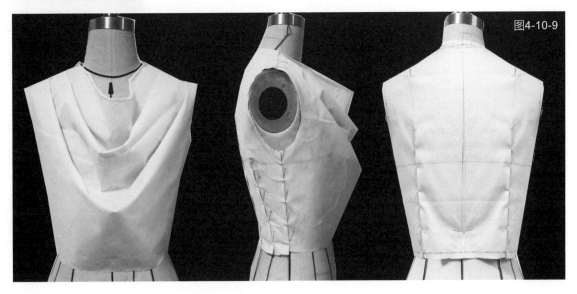

图4-10-9

第十一节　褶皱立领

一、款式特点

　　领身廓型：膨大且富有立体感的单立领。

　　结构要点：单立领结构，内装填充材料以产生膨松的立体感。

　　领窝造型：左右领窝不对称，按基础领窝开低 4~6cm 设计。

　　领身造型：领底抽缩，内装填充材料使其膨松富有体积感。

　　造型如图 4-11-1。

二、造型重点步骤

　　1. 取长＝领围＋缝份≈44cm、宽≈16cm 的直丝缕坯布一块作为领身坯布，考虑到内有填充材料，因此坯布宽度较宽。此外，领上口为连折设计，下口为圆弧状（图 4-11-2）。

　　2. 领身中放入填充材料（一般采用化纤棉），然后将圆弧形的下口用缝线假缝、抽紧，形成皱褶（图 4-11-3）。

　　3. 先从领身的后面开始，将领身下口线与衣身后领窝固定（图 4-11-4）。

　　4. 然后将侧面的领身下口线与衣身领窝固定（图 4-11-5）。

　　5. 最后将前部的领身下口线与衣身领窝固定（图 4-11-6）。

　　6. 将领身、衣身布样取下烫平、画顺、修正造型线，完成正式的布样，最后将修整好的布样缝制成型（图 4-11-7）。

图4-11-1

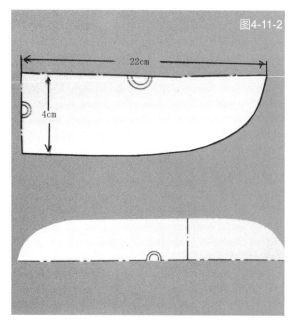

图4-11-2

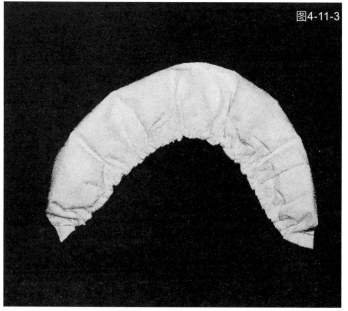

图4-11-3

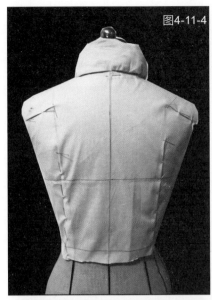
图4-11-4

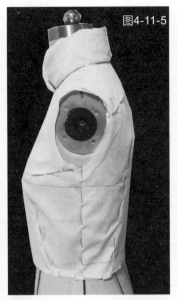
图4-11-5

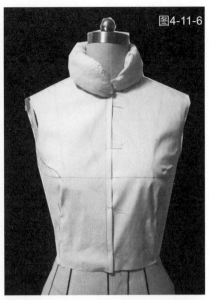
图4-11-6

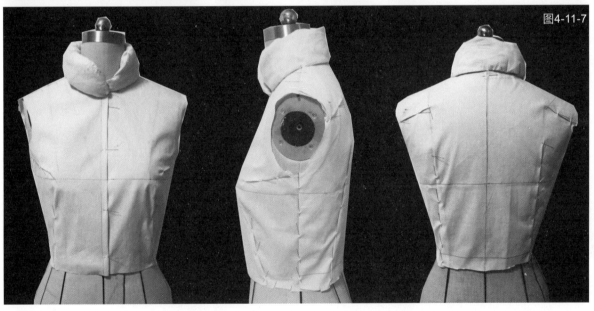
图4-11-7

第十二节 交叉褶裥领

一、款式特点

领身廓型：领身形成交叉形褶裥状。

结构要点：将前浮余量及腰省量都集中于领身并通过褶裥加以消除。

领窝造型：按基础领窝开低 5cm 设计。

领身造型：将前浮余量转化为若干个褶裥并加以固定。

造型如图 4-12-1。

图4-12-1

二、造型重点步骤

1. 按常规衣身坯布取料，注意因造型需要，前衣身坯布应包括领身用料，因此前衣身坯布应比后衣身坯布长约10cm。在前、后衣身坯布上画好相应标记线。

2. 先将前衣身坯布覆合于人台上，使两者的相应标记线对齐 (图4-12-2)。

3. 在腰部作剪切口，将腰部余量及前浮余量全部抚至领口 (图4-12-3)。

4. 将前中线由上往下剪，剪至胸围线上13cm处。先制作左领身，将左领下口缝份折好，然后将领身下口线与人台颈根围线捏合一致 (图4-12-4)。

5. 将领身坯布作褶裥并理顺领前口坯布，使褶裥外形平整顺直 (图4-12-5)。

6. 按相同方法制作右领身，注意左、右领身的褶裥量及位置要对称 (图4-12-6)。

7. 将后衣身坯布覆合于人台上，按常规方法制作后衣身 (图4-12-7)。

8. 按造型设计，在腰部作剪切口并剪齐后衣身的上部及下摆 (图4-12-8)。

9. 将前、后衣身布样取下烫平，画顺、修正造型线，完成正式的布样 (图4-12-9)。

10. 最后将修正好的布样缝制成型 (图4-12-10)。

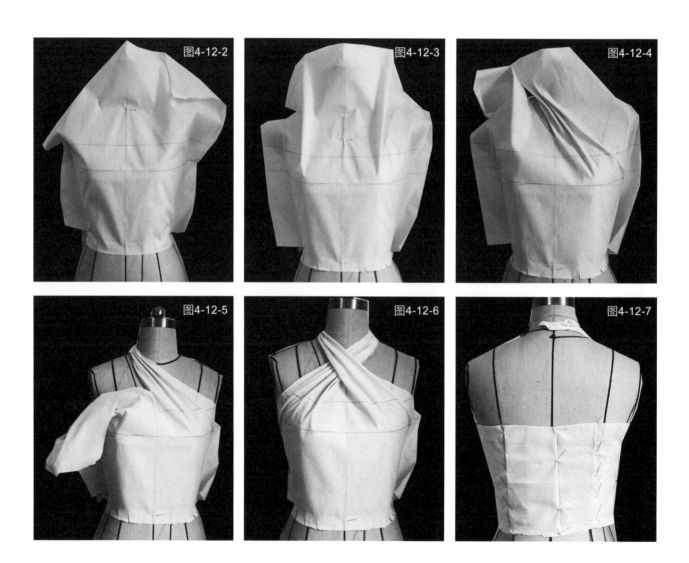

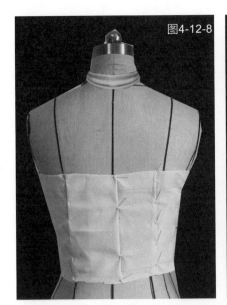

图4-12-8

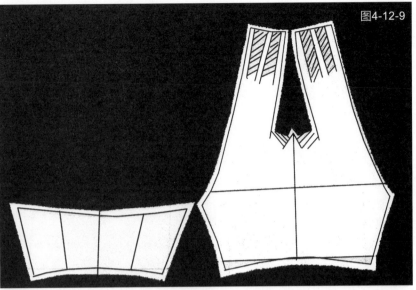

图4-12-9

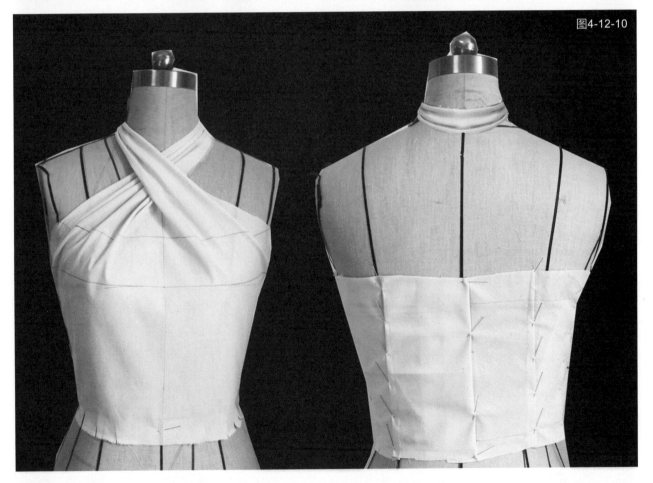

图4-12-10

第五章　衣袖立体裁剪

一、款式特点

袖身廓型：稍弯身的圆袖。

结构要点：较贴体的袖山，向前弯曲的袖身，一片袖结构构成。

袖窿造型：袖窿深约 24~26cm，圆袖设计。

袖身造型：袖山高 = 0.7~0.8 倍成型袖窿深，袖身偏前 1.5cm 以内，弯曲程度较小，造型如图 5-1-1。

二、造型重点步骤

1. 取长 = 袖长 +15cm、宽 = 0.4 胸围 +10cm 的直料坯布一块作为袖身坯布，画出纵向袖中线和袖山高线（坯布的袖山高应大于成型袖山高，即大于或等于 0.8 倍成型袖窿深）、横向袖肥线和袖肘线（图 5-1-2）。

2. 将袖身坯布与布手臂覆合一致，要求袖中线要与地面垂直（图 5-1-3）。

3. 在袖山线下 3cm 处作剪切口，以使袖底缝处坯布能向里折进（图 5-1-4）。

4. 在袖中线两侧，按造型设计用大头针作出袖身大小，并且一边观察袖身，一边进行调整（图 5-1-5）。

图5-1-1

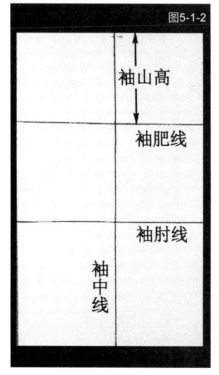

图5-1-2

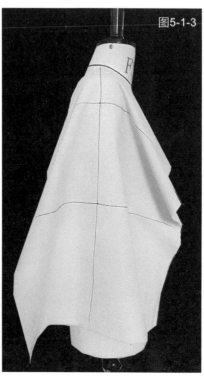

图5-1-3

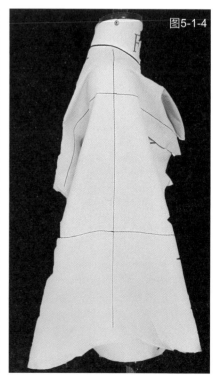

图5-1-4

图5-1-5

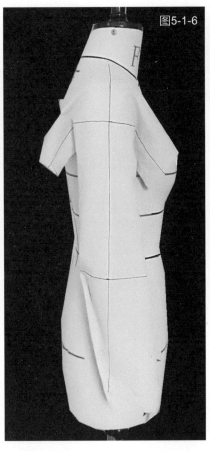

图5-1-6

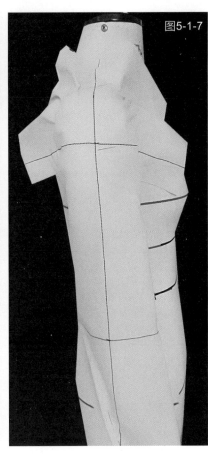

图5-1-7

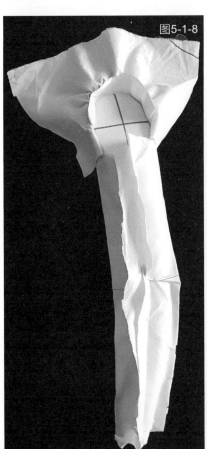

图5-1-8

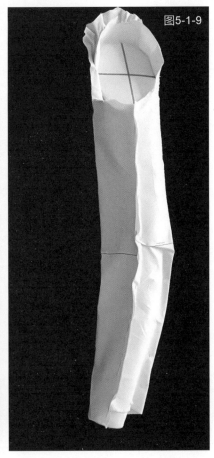

图5-1-9

5. 在袖肘线以下将袖口缝份向里折进，将袖口做小，使其符合设计要求（图 5-1-6）。

6. 在肩线周围将袖山部位的坯布用大头针大致别出想要的造型（图 5-1-7）。

7. 将布手臂取下，在反面将袖身的袖底缝固定在一起（图 5-1-8）。

8. 在袖底缝留 2cm 缝份后剪去多余量（图 5-1-9）。

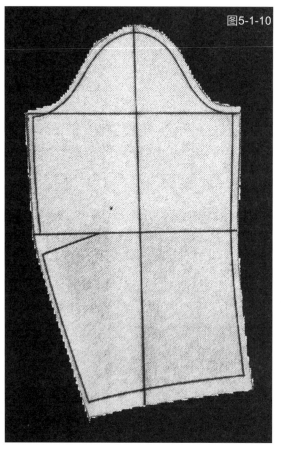

图5-1-10

图5-1-11

9. 将袖身布样取下烫平，画顺、修正造型线，作出袖肘省，用曲线尺测出前、后袖山，袖山形状要与袖窿形状一致（图5-1-10）。

10. 将袖山用缝线缝合、抽缩，用大头针将修改好的袖身重新固定，做出袖身稍向前弯曲的一片袖（图5-1-11）。

11. 完成后的造型（图5-1-12）。

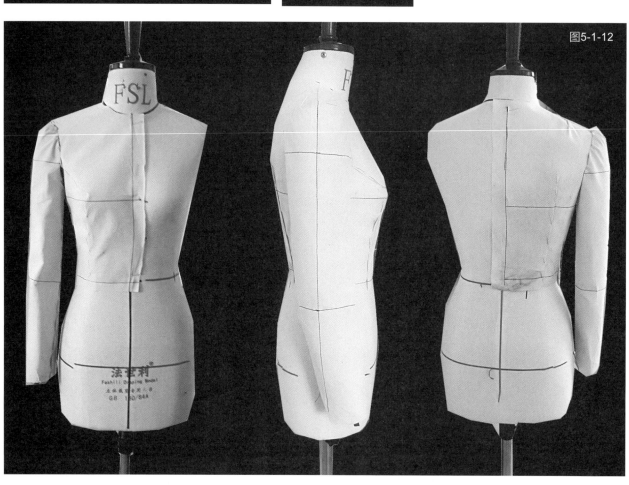

图5-1-12

第二节 两片袖

一、款式特点

　　袖身廓型：袖身弯曲程度大的圆袖。

　　结构要点：贴体型的袖山，弯曲的两片袖结构构成。

　　袖窿造型：袖窿深约 24~26cm，圆袖设计。

　　袖身造型：袖山高大于或等于 0.8 倍成型袖窿深，袖身偏前约 1.5cm。

　　造型如图 5-2-1。

二、造型重点步骤

　　1. 按常规方法在人台上制作好基础衣身，注意根据造型需要画出圆袖窿，并从肩点向下量取袖窿深，并以此作为确定袖山高的依据（图 5-2-2）。

　　2. 取长 = 袖长 +15cm、宽 =0.4 胸围 +10cm 的直料坯布一块作为袖身坯布，画出纵向袖中线、横向袖肥线、袖肘线和袖山高线（袖山高大于或等于 0.8 倍成型袖窿深）（图 5-2-3）。

　　3. 将袖身坯布与布手臂覆合一致，要求袖中线要与地面垂直（图 5-2-4）。

　　4. 在袖中线两侧作出袖身大小，并且一边观察袖身，一边进行调整（图 5-2-5）。

图5-2-1

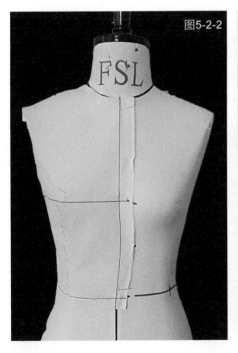

图5-2-2

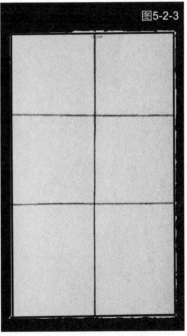

图5-2-3

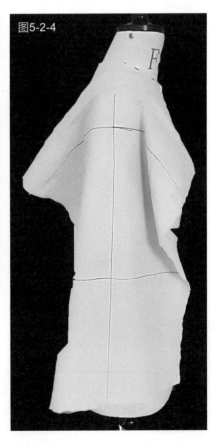

图5-2-4

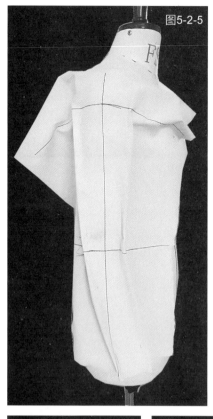

图5-2-5

图5-2-6

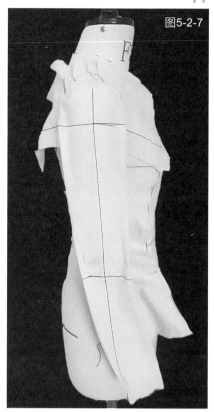

图5-2-7

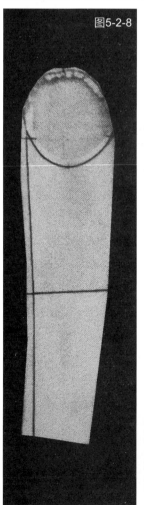

图5-2-8

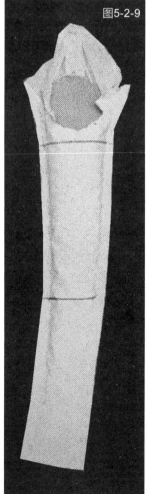

图5-2-9

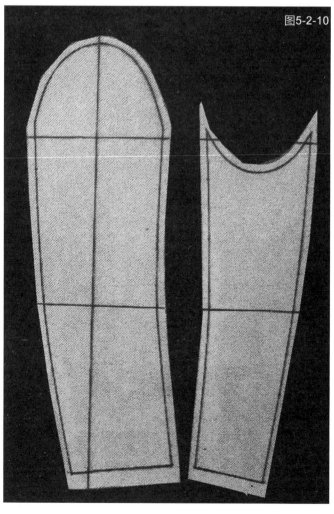

图5-2-10

5. 在袖山线下 3cm 处将袖底缝剪开，以使袖底缝坯布能向里折进并固定袖底缝 (图 5-2-6)。

6. 在肩线周围将袖山部位的坯布用大头针大致别出想要的造型 (图 5-2-7)。

7. 将布手臂取下，在反面将袖身的袖底缝固定在一起 (图 5-2-8)。

8. 将袖身布样取下并烫平，按平面制图方法将其转化为弯身两片袖，并用曲线尺画出前、后袖山，袖山形状要与袖窿形状一致 (图 5-2-9)。

9. 将袖山用线缝合、抽缩，用大头针将大小袖身的袖底缝固定在一起 (图 5-2-10)。

10. 完成后造型 (图 5-2-11)。

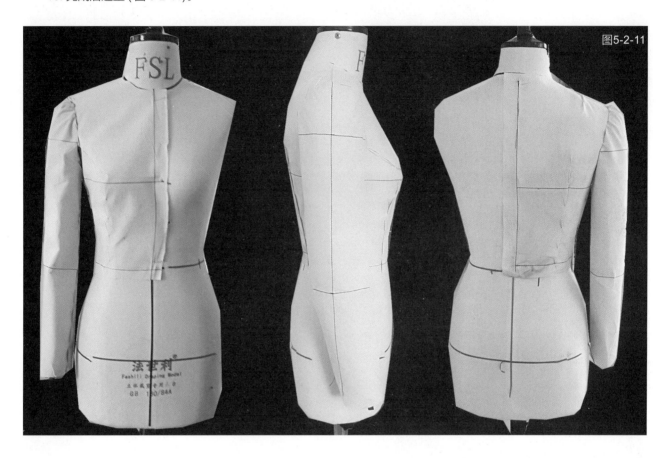

图5-2-11

第三节　连袖

一、款式特点

袖身廓型：袖身与衣身相连的连袖，袖身为直身。

结构要点：确定袖山与袖窿相连的位置 (或袖中线与水平线的夹角)，一片袖结构构成。

腰围线以上曲面处理：

前衣身——部分浮余量通过撇胸进行处理，部分下放，部分浮于袖窿处；

后衣身——部分浮余量通过后肩缝缩进行处理，部分浮于袖窿处。

造型如图 5-3-1。

图5-3-1

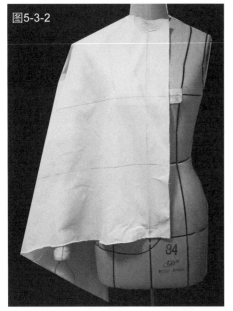

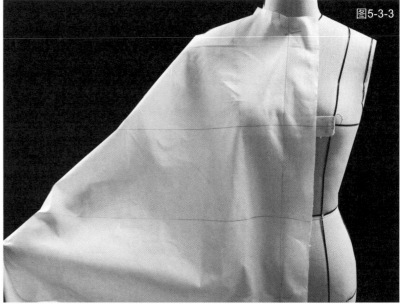

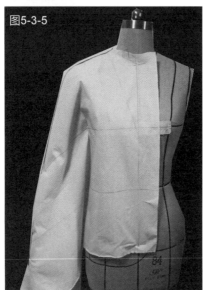

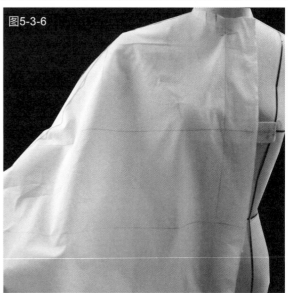

二、造型重点步骤

1. 取长＝衣长＋10cm、宽＝胸围/2＋袖长的直料坯布一块作为前衣袖身坯布，然后按常规方法画出纵向前中线、侧线、横向胸围线、腰围线，再将坯布与人台覆合一致（图5-3-2）。

2. 将一部分前浮余量转移至前门襟处，通过撇胸进行消除，然后抬高布手臂以获得需要的袖身造型，并将剩余的前浮余量置于布手臂与衣身之间（图5-3-3）。

3. 将袖中缝处的坯布与布手臂固定，固定时应保持胸高点附近有一定的松量（图5-3-4）。

4. 用标记线作出前袖中缝的造型线，注意造型线的形状，其最弯可至布手臂的中线，然后预留缝份后剪去多余量（图5-3-5）。

5. 将布手臂重新拾起，使前衣身平整，然后调整前衣身侧部以使前衣身胸部具有一定的松量（图5-3-6）。

6. 在袖底及侧缝处，估计袖肥，然后作出袖身造型线（图5-3-7）。

7. 在造型线外，预留2cm缝份后剪去多余量（图5-3-8）。

8. 取长＝衣长＋10cm、宽＝胸围/2＋袖长的直丝缕坯布一块作为后衣袖身坯布，然后按常规方法画出纵向后中线、侧线，横向胸围线、腰围线及背宽线，再将坯布与人台覆合一致（图5-3-9）。

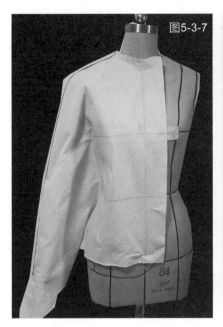

图5-3-7

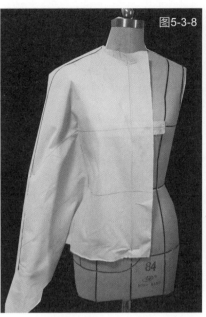

图5-3-8

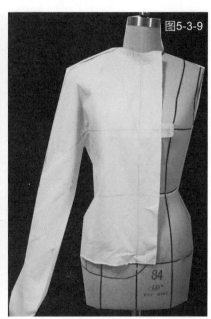

图5-3-9

9. 将布手臂抬起，注意高度应与制作前袖身时抬起的高度相向（宽松风格设计）或略高（较宽松或较贴体风格设计）（图5-3-10）。

10. 在前袖中线处将后袖身固定，并根据袖中线形状作出后袖中线（图5-3-11）。

11. 将布手臂抬起，在袖身下作剪切，作出后衣身松量，然后将后袖底缝与前袖底缝、后衣身与前衣身分别固定，并作出前、后身侧缝线（图5-3-12）。

12. 最后完成连袖造型（图5-3-13）。

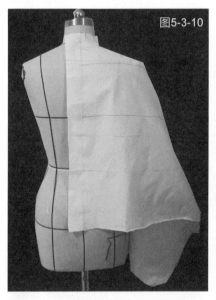

图5-3-10

图5-3-11

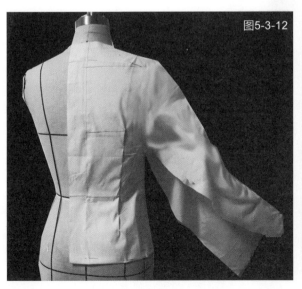

图5-3-12

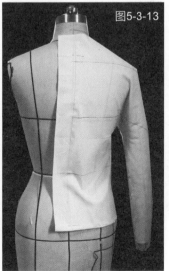

图5-3-13

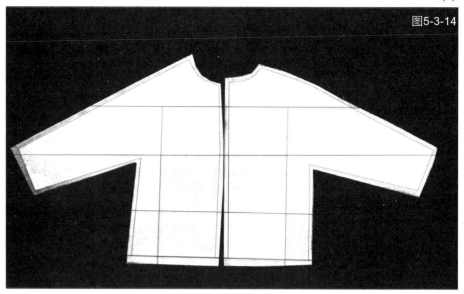

图5-3-14

13. 将布样取下烫平，画
顺、修正造型线，完成正式的
布样（图5-3-14）。

14. 最后将修正好的布样
缝制成型。

第四节　方形袖窿抽褶连袖

一、款式特点

袖身廓型：在衣身上进行分割，在袖中线处进行抽褶的连袖。

结构要点：方形袖窿，袖身上部作抽褶，一片袖结构构成。

腰围线以下曲面处理：

前衣身——将浮余量转入省道或分割线；

后衣身——将浮余量转入分割线。

袖窿造型：底部为方形，上部超出肩部 5cm 以上。

袖身造型：袖山上部作抽褶，整体袖身为直身的一片袖结构。

造型如图 5-4-1。

二、造型重点步骤

1. 按常规方法在人台上制作好基础衣身（图5-4-2）。

2. 作好方形袖窿标记线，在标记线外预留1cm 缝份，然后剪去多余量，做出方形袖窿（图5-4-3）。

3. 将布手臂装于衣身（图 5-4-4）。

4. 取长＝袖长＋30cm、宽＝0.4 胸围＋20cm的直料坯布一块作为袖身坯布，画好纵向袖中线并在中线上部抽缩（图 5-4-5）。

5. 先制作前袖身，将抽缩后的坯布的中线与手臂的中线对齐并固定（图 5-4-6）。

图5-4-2

图5-4-1

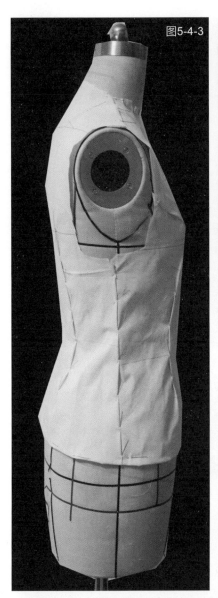

图5-4-3

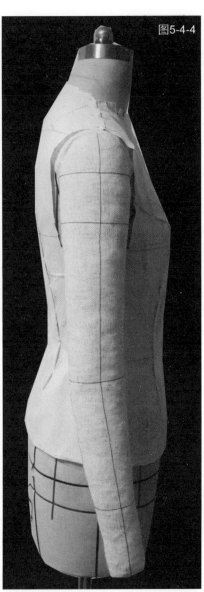

图5-4-4

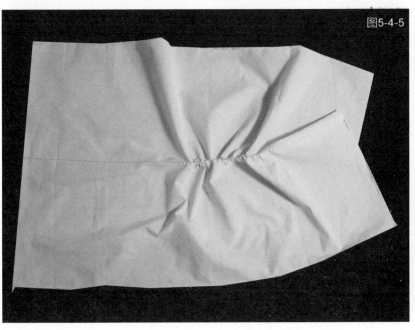

图5-4-5

6. 将布手臂上抬60°，将袖身坯布抚平后与前衣身固定并剪去前袖身多余坯布（图5-4-7）。

7. 按照前袖身制作方法，将后袖身坯布与后衣身固定，然后修去多余量（图5-4-8）。

8. 将布手臂抬起，用大头针将前后袖身的底缝别在一起，确定袖身的宽度，注意前后袖身要平整（图5-4-9）。

9. 将前后袖身的底缝预留出一定缝份后剪去多余量（图5-4-10）。

10. 将布手臂放下，观察袖身前、后、侧的造型（图5-4-11）。

11. 将袖身布样取下并展开袖身上的抽褶（图5-4-12）。

12. 将袖褶烫平，使袖身布样平整，然后画顺、修正造型线，完成正式的布样（5-4-13）。

13. 最后将修正好的布样缝制成型。

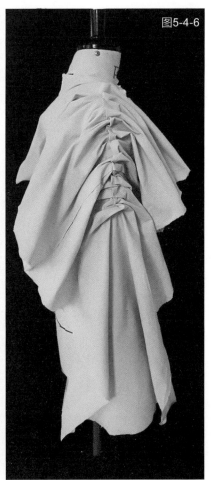

图5-4-6

图5-4-7

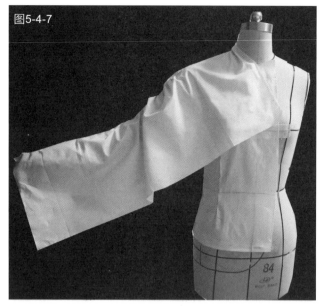

图5-4-8

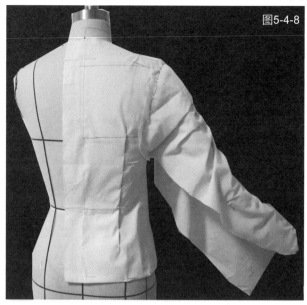

图5-4-9

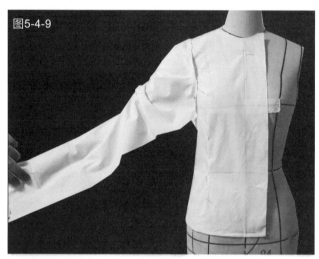

图5-4-10

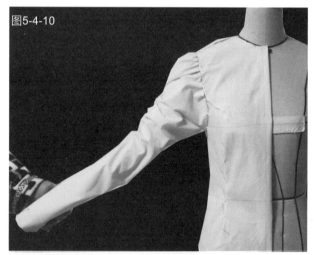

图5-4-11

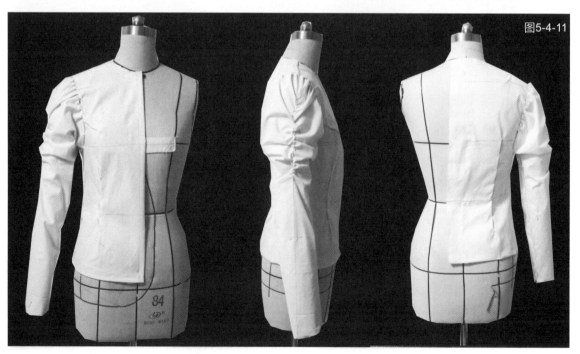

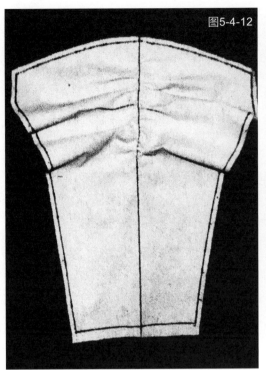

图5-4-12

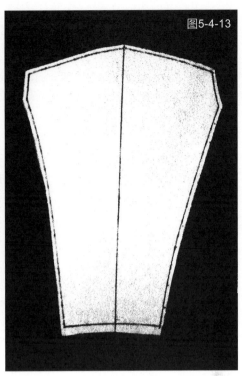

图5-4-13

第五节　泡泡袖

一、款式特点

　　袖身廓型：上部为气球状膨松造型，下部为常规直身袖造型。

　　结构要点：常规圆袖山，膨松状立体裁剪。

　　袖窿造型：常规袖窿。

　　袖身造型：袖身上部为气球状膨松造型。

　　造型如图 5-5-1。

二、造型重点步骤

　　1. 在袖山上用大头针作出褶裥，前、后袖山各四个褶裥，褶裥量从中间往两边逐渐减少，并在袖身处加以固定，使袖身具有一定的蓬松量（图5-5-2）。

　　2. 在袖口处用大头针别出抽细褶的褶量（图 5-5-3)。

图5-5-1

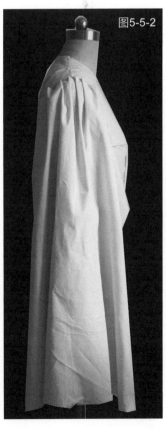

图5-5-2

3. 在袖口处作出水平略向上倾斜的袖口标记线，并在袖中线处剪出袖口省（图 5-5-4 ）。

4. 将袖口省下面的布料在袖中线处重合，剪去多余量（图 5-5-5 ）。

5. 将袖身布样取下、展开并烫平，画顺、修正造型线，完成正式的布样（图 5-5-6 ）。

6. 最后将修正好的布样缝制成型（图 5-5-7 ）。

图5-5-3

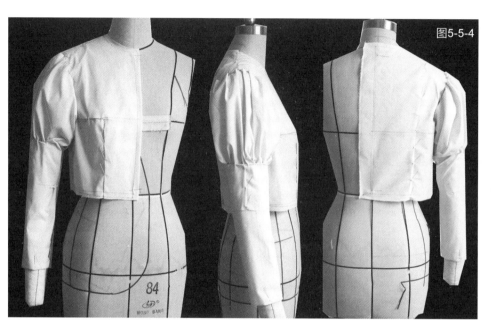

图5-5-4

图5-5-5

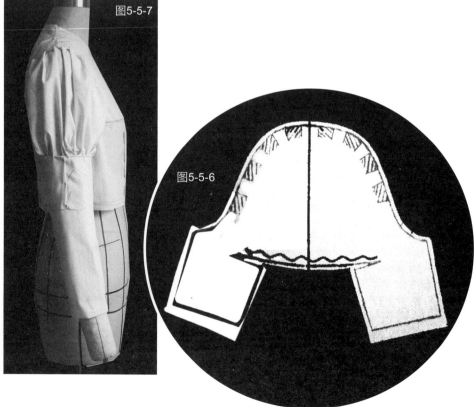

图5-5-7

图5-5-6

第六节　插肩袖

一、款式特点

袖身廓型：插肩式分割袖。

结构要点：一片袖结构构成。

腰围线以下曲面处理：

前衣身——部分浮余量通过撇胸进行处理，部分放入分割线中加以归拢；

后衣身——部分浮余量转入肩缝进行缝缩，部分放入分割线中加以归拢。

袖窿造型：按圆袖袖窿深开低 2~3cm 设计。

造型如图 5-6-1。

二、造型重点步骤

1. 取长 = 60cm、宽 = 胸围 /4 + 10cm 的直料坯布两块分别作为前、后衣身坯布。先在前衣身坯布上画出纵向的前中线、侧线，横向的胸围线、腰围线，并留出 5cm 宽的叠门线。

2. 将前衣身坯布与人台覆合一致（图 5-6-2）。

3. 将一部分前浮余量捋至前中线以形成撇胸；另一部分则置于肩胸部，缝制时应用牵条固定以便将浮余量归拢消除，最后按照造型要求作出斜弧形分割标记线（图 5-6-3）。为使分割标记线更清晰，可用点画线标出。

4. 作出前领窝标记线，将前衣身整理平整，然后预留 2cm 缝份，剪去多余量（图 5-6-4）。

图5-6-1

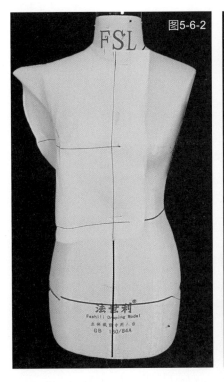

图5-6-2

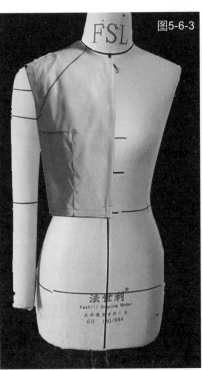

图5-6-3

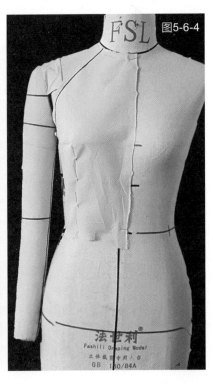

图5-6-4

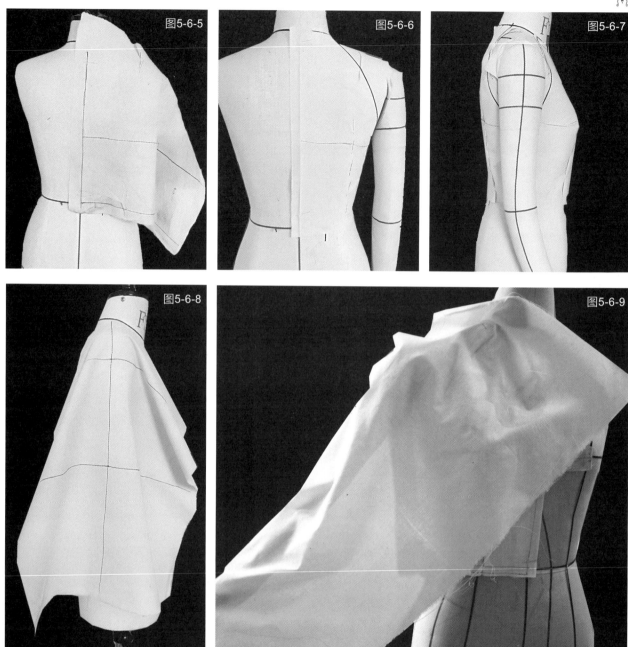

5. 按常规方法，在后衣身坯布上画出相应标记线，注意背宽线位于后领窝至胸围线的 2/5 处（图 5-6-5）。

6. 将后衣身坯布与人台覆合一致，然后将后浮余量赶至肩部，再作出斜弧形分割标记线（图 5-6-6）。

7. 作出后领窝标记线，然后打剪切口，使领窝平服。预留 2cm 的缝份后将领窝及分割线上多余坯布剪去（图 5-6-7）。

8. 将布手臂前臂上举，按胸围大小估计松量后用大头针固定衣身侧缝，注意前、后身的胸围线和腰围线应对齐（图 5-6-8）。

9. 取长 = 肩袖长 +15cm、宽 = 袖肥 +15cm ≈ 0.2 胸围 +20cm 的直丝缕坯布两块，分别作为前、后袖身坯布，画出袖中线、袖口线、袖肘线、袖山高线。注意坯布上的袖山高应与手臂的臂山筒一致，或按较宽松风格设计为 11~15cm。

10. 先制作前袖身，将前袖身坯布的袖中线、袖山线（当取不同手臂尺寸时，都应使袖山线呈水平状）与布手臂的相应标记线对齐，注意肩缝处、袖山线以下部位的坯布处于自由状态（图 5-6-9）。

11. 将布手臂拾起，按想要的袖山风格确定抬起高度，以过肩点的水平线为基准线，袖中线与基准线形成一个夹角。

图5-6-10

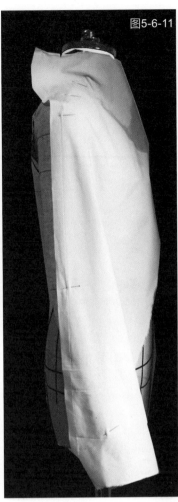

图5-6-11

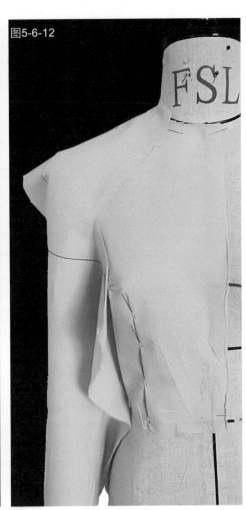

图5-6-12

夹角小于30°时，袖山风格为较宽松风格；夹角在31°~45°时，为较贴体风格；夹角大于46°时，为贴体风格。然后将肩袖处的坯布将平，用大头针固定肩缝及袖山弧线上段（图5-6-10）。

12. 在平整的肩袖处用标记线作出袖山弧线（图5-6-11）。

13. 在肩缝及袖中线处用标记线作出前衣袖中线，总体要求光顺自然（图5-6-12）。

14. 按造型标记线剪切前袖山弧线及领窝（图5-6-13）。

15. 对袖窿弧线、肩袖线进行局部调整，使肩袖部位平顺自然（图5-6-14）。

16. 开始制作后袖身，将后袖身坯布的袖中线、袖山线与布手臂的相应标记线对齐并固定。

图5-6-13

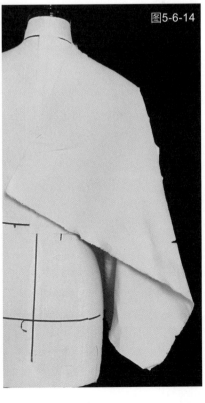

图5-6-14

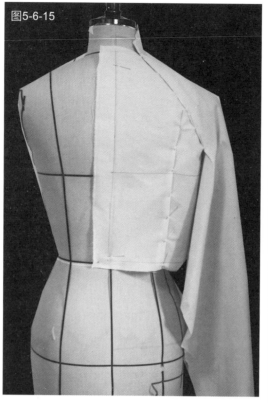

图5-6-15

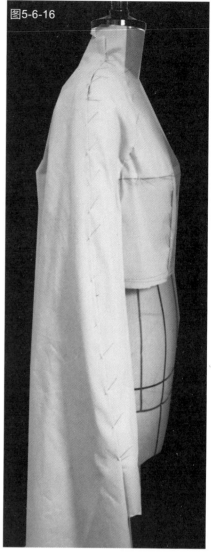

图5-6-16

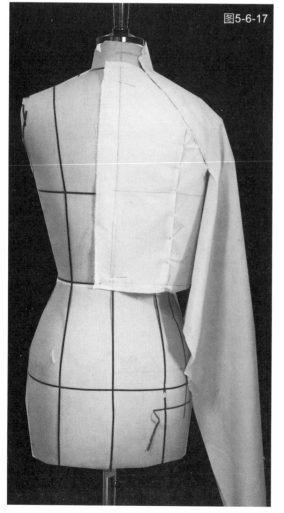

图5-6-17

17. 将布手臂抬起，过肩点的水平线与袖中线也形成一个夹角，即后袖身夹角，它一般与前袖身夹角相同或略小。两夹角相等时，袖山风格为较宽松或宽松风格；后袖身夹角比前袖身夹角约小 5°时，为较贴体风格；后袖身夹角比前袖身夹角约小 10°时，为贴体风格。然后固定肩缝及袖山弧线上段，并作出袖山弧线标记线（图5-6-15）。

18. 将布手臂放下后，后袖身部位应具有较多的松量以满足人体活动要求（图 5-6-16）。

19. 将袖身放置平整，然后参照前肩袖中线制作方法，作出后肩袖中线，注意总体要光顺自然（图 5-6-17）。

20. 将前、后袖底部位整理平整，然后将前后袖肘线、袖门线对齐，用大头针固定，注意袖底缝应与衣身侧缝对齐（图 5-6-18）。

21. 调整袖肥及袖口部位的形状、尺寸，预留缝份后剪去袖底缝处多余量（图 5-6-19）。

22. 最后完成的造型（图 5-6-20）。

图5-6-18

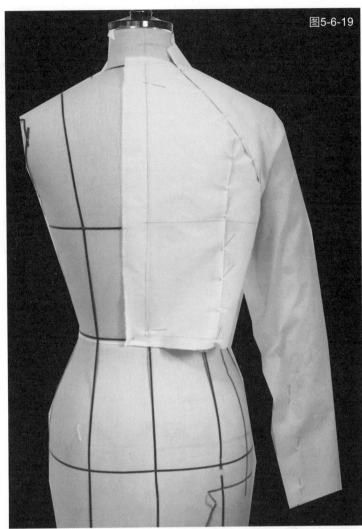

图5-6-19

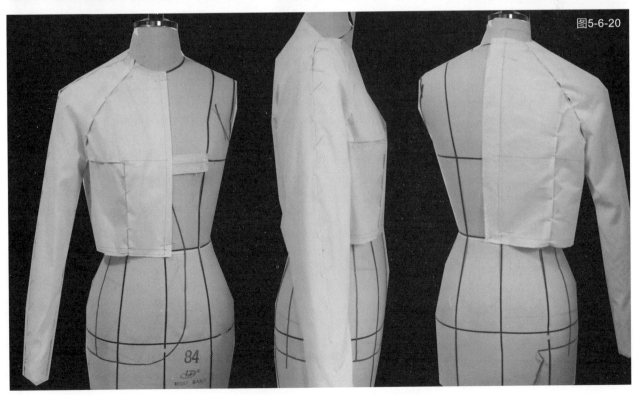

图5-6-20

第六章　创意型成衣立体裁剪

第一节　连肩、抹袖、宽松上装

一、款式特点

该款上衣为宽松造型，腰部设计有松紧调节，袖型为连肩抹袖，胸前有褶皱装饰。该服装虽然是两片结构，但通过立体剪裁，使服装造型的空间感很强，因此要求学习者熟练掌握剪裁方法并体会造型美感（图6-1-1）。

二、造型重点步骤

1. 将衣片前中心线与装有手臂的人台前中心线相贴合，如图6-1-2所示，抚平肩部。

2. 如图6-1-3所示，依次将布拉起形成活褶，并固定于胸部前中心线。

3. 调节胸部余量，做出转折面，并将抹袖肥抓起别合，贴上肩与袖标记线（图6-1-4）。

4. 调整褶形及袖型后剪左肩和袖部余布，在胸部更新贴上标记线（图6-1-5）。

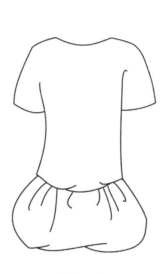

图6-1-1

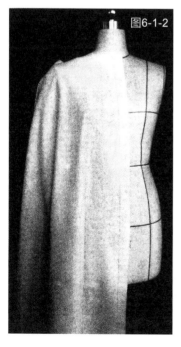

图6-1-2

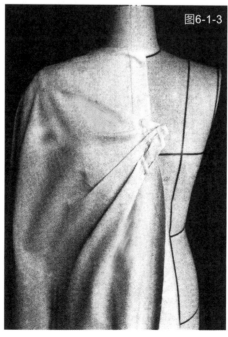

图6-1-3

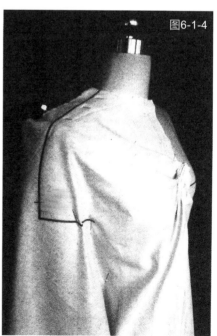

图6-1-4

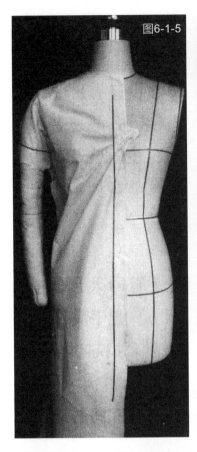

图6-1-5

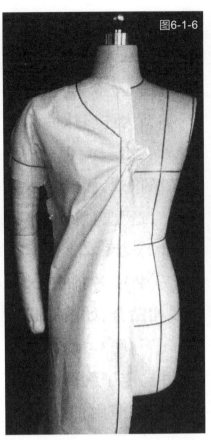

图6-1-6

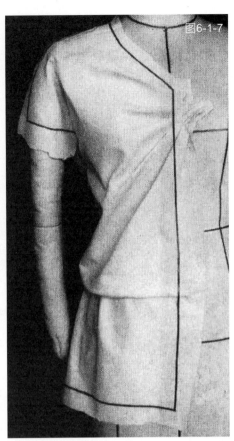

图6-1-7

图6-1-8

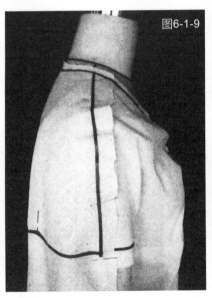

图6-1-9

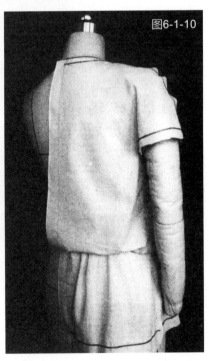

图6-1-10

5. 前衣片调整完重新设定领口线并贴上标记线（图 6-1-6 ）。

6. 将腰片余布向上拉起，调节松紧量（图 6-1-7 ）。

7. 将衣片后中心线与人台后中心线相贴合，抚平肩部并抓合袖部松量（图 6-1-8 ）。

8. 调整好衣片转折面松量与袖肥量，贴上标记线（图 6-1-9 ）。

9. 后片松紧部分的剪裁方法与前片相同，调整后与前片别合（图 6-1-10 ）。

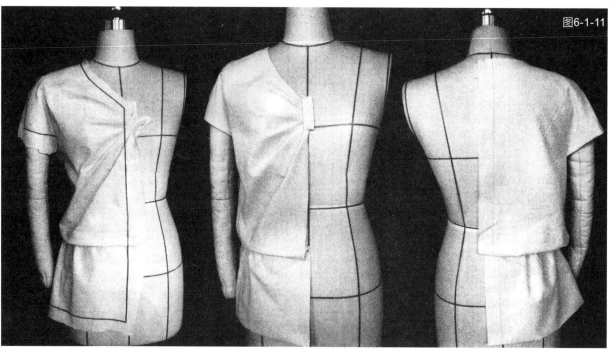

图6-1-11

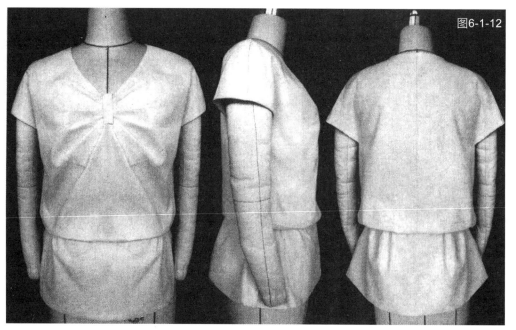

图6-1-12

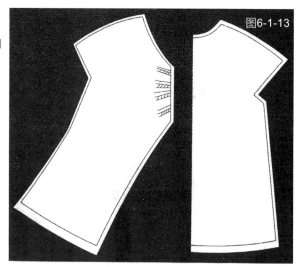

图6-1-13

10. 调整袖型、胸部及后背宽的松量，剪去胸前褶余量，加上装饰扣（图 6-1-11）。

11. 完成正面、侧面、背面效果图（图 6-1-12）。

12. 将调整好的衣片取下，修正、拓印纸样（图 6-1-13）。

第二节　不对称、无领、腰间捏褶外衣

一、款式特点

　　本款式的前衣片为左右不对称设计，左片平整收腰，而右片多褶皱，是一款非常经典的款式。通过对该款式剪裁方法的掌握，能够了解非对称多褶皱服装设计的要领，因此要求学习者必须掌握其方法规律（图6-2-1）。

二、造型重点步骤

　　1. 将衣片前中心线、腰围线对准人台前中心线、腰围线，贴合固定（图6-2-2）。

　　2. 抓合腰部省道并做出胸部转折面，注意腰部、臀部要留有松量且不宜过紧（图6-2-3）。

　　3. 在侧臀处留有余量，调整胸侧转折面，将衣片固定于侧缝线（图6-2-4）。

　　4. 调整好左衣片，贴上标记线并将余布剪去（图6-2-5）。

　　5. 将右片前中心线、胸围线与人台前中心线、胸围线相贴合（图6-2-6）。

　　6. 确定领口线，固定腰部重叠点，贴上标记线，剪去余布 (图6-2-7）。

　　7. 根据款式依次在肩部抓出褶皱，从肩线别合至下摆，将衣片推至腰部别合点，腰部要留有松量（图6-2-8）。

　　8. 调整衣片后，检查臀部是否留有松量，确定款式线并将余布剪去（图6-2-9）。

　　9. 衣片后中心线与人台后中心线相贴合，抚平肩部 (图6-2-10)。

　　10. 确定后背省尖位置，抓合省道并固定，调整后衣片的造型，剪去余布，注意后背转折面要留有松量 (图6-2-11)。

　　11. 调整好后衣片并与前衣片相别合。

　　12. 将调整好的衣片取下，修正、拓印纸样 (图6-2-12)。

　　13. 完成正面、背面效果图 (图6-2-13)。

图6-2-1

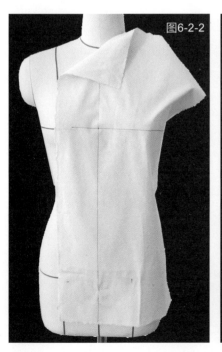

图6-2-2

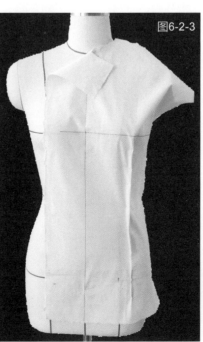

图6-2-3

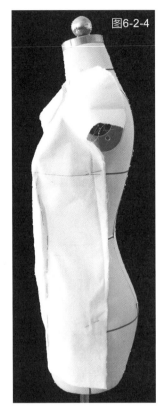

图6-2-4

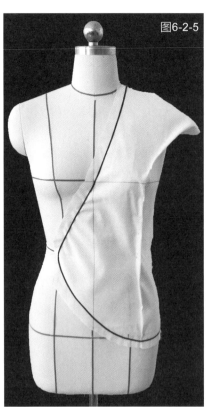

图6-2-5

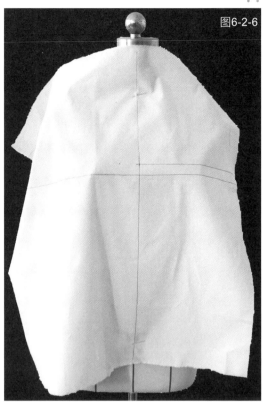

图6-2-6

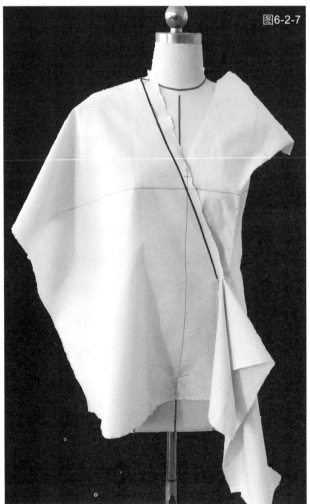

图6-2-7

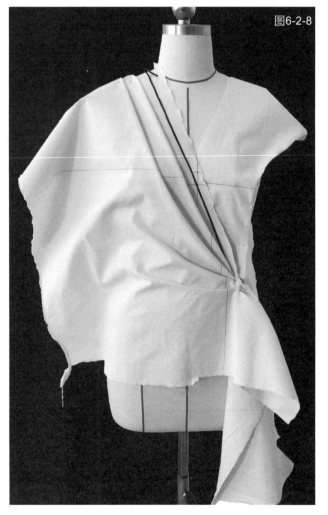

图6-2-8

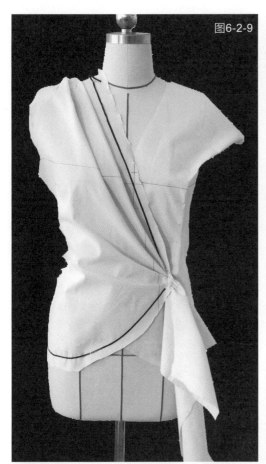

图6-2-9

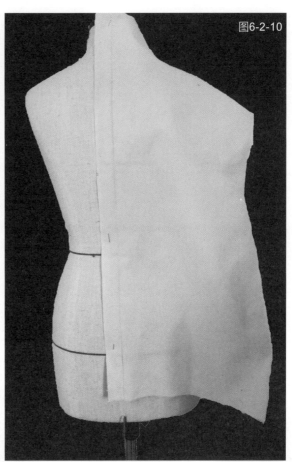

图6-2-10

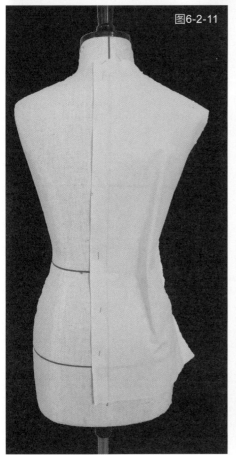

图6-2-11

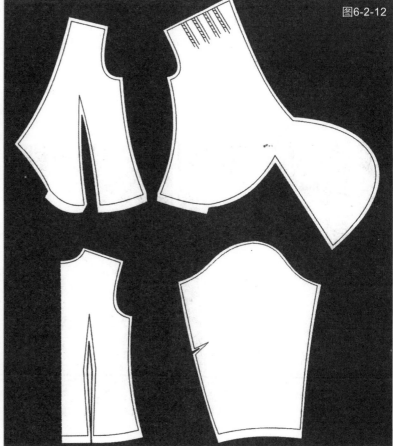

图6-2-12

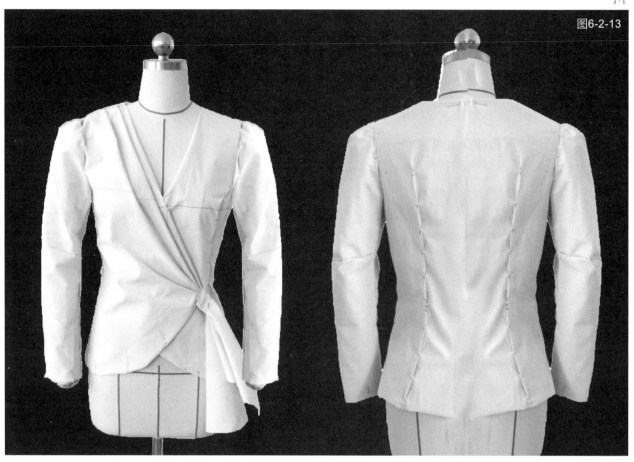

图6-2-13

第三节　翻立领、插肩袖、大廓型经典风衣

一、款式特点

　　风衣为秋装款式之一，体现出廓型宽松、造型
潇洒的一面，是秋季服装的象征。在立体裁剪过程
中，掌握松量是该类型服装的难点。此处以插肩袖
风衣为例进行讲解。

　　此款式在立体剪裁课程中应该说是非常重要的
范例，首先是风衣要求在廓型上是比较宽松的，但
还要表达出明确的线条和帅气、潇洒的风格，所以
说它是立体剪裁难度很高的款式之一（图 6-3-1 ）。

二、造型重点步骤

　　1. 在人台上加上手臂与垫肩，并确定款式背宽
线（图 6-3-2 ）。

　　2. 将衣片前中心线、胸围线与人台前中心线、
胸围线相贴合（图 6-3-3 ）。

图6-3-1

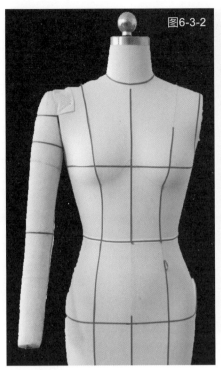

图6-3-2

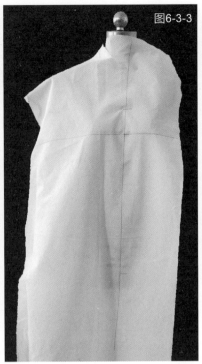

图6-3-3

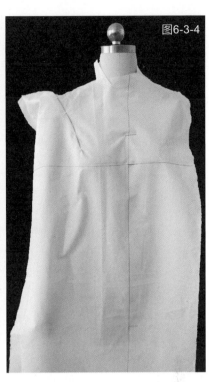

图6-3-4

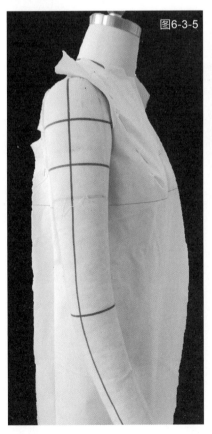

图6-3-5

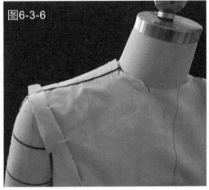

图6-3-6

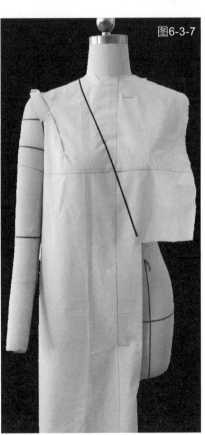

图6-3-7

3.确定胸高点并留有松量，做好胸部转折面（图 6-3-4）。

4.剪去袖窿余布，将衣片下拉使胸围线在距人台胸围线下 3.5cm 处相交于侧缝线（图 6-3-5）。

5.确定肩线并贴上标记线（图 6-3-6）。

6.将衣领向下开深 1.5cm，以此点向上取 3cm 为翻折线至腰点贴上标记线（图 6-3-7）。

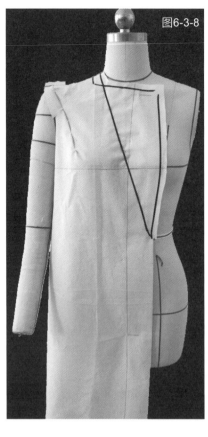

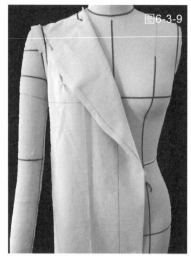

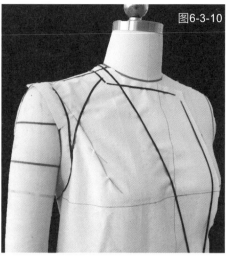

7. 将领部串口线与驳口线贴上标记线（图 6-3-8 ）。

8. 将下领整理完毕后剪去余布并贴出袖窿标记线（图 6-3-9 ）。

9. 调整衣片，以肩线向下量 2.5cm 为点标出插肩袖标记线（图 6-3-10 ）。

10. 衣片后中心线与人台后中心线在背宽点以上与人台贴合，以下至臀围处向外移出 2.5cm（图 6-3-11 ）。

11. 调整好后衣片，标出后插肩袖标记线，颈部插肩袖点距肩宽线约 2.5cm（图 6-3-12 ）。

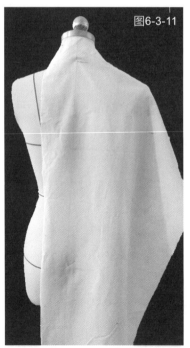

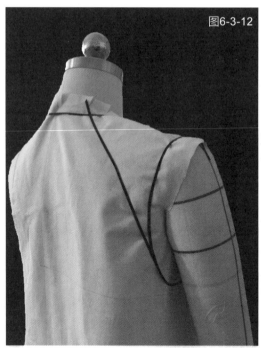

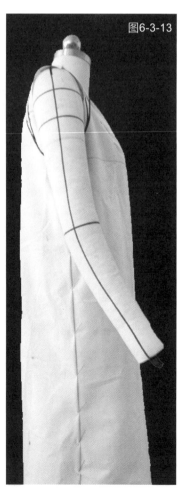

12. 将后衣片与前衣片在人台侧缝线相交并别合，服装廓型呈箱形（图 6-3-13 ）。

13. 将手臂抬起 45°，确定袖山高度，一般在 15~16.5cm（图 6-3-14 ）。

14. 将袖中线与手臂中线贴合，确定袖肥，袖前抓合 2cm、袖后抓合 2~5cm，肩部余布自然拉起固定（图 6-3-15 ）。

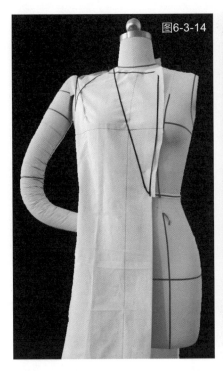

图6-3-14

图6-3-15

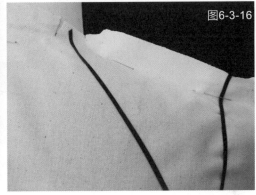

图6-3-16

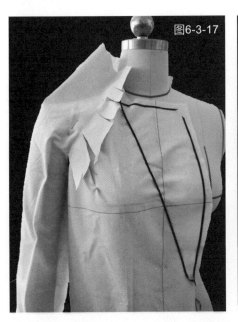

图6-3-17

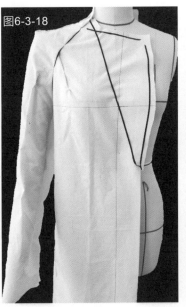

图6-3-18

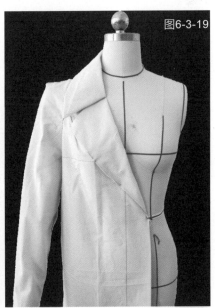

图6-3-19

15. 检查肩部抓起部位，布片中心线是否向后 1.5cm 左右（图 6-3-16 ）。

16. 在插肩线部位将袖片抚平，有绷紧之处打剪口，调整后与衣身别合（图 6-3-17 ）。

17. 整理好插肩袖型，保持胸部转折面，调整后将插肩袖余布剪去（图 6-3-18 ）。

18. 整理衣身、袖型后将翻领与衣片相别合（翻领剪裁方法与尖角翻领上衣相同）（图 6-3-19 ）。

19. 调整服装整体造型，装腰带、确定扣位及口袋位置（图 6-3-20 ）。

20. 将调整好的衣片取下，修正、拓印纸样（图 6-3-21 ）。

21. 完成正面、侧面、背面效果图（图 6-3-22 ）。

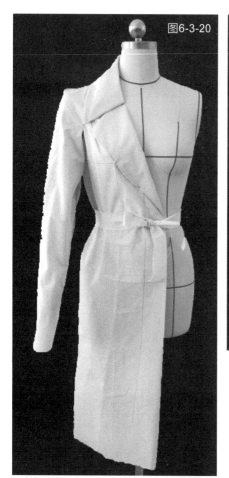

图6-3-20

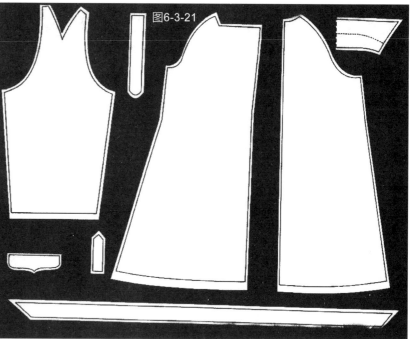

图6-3-21

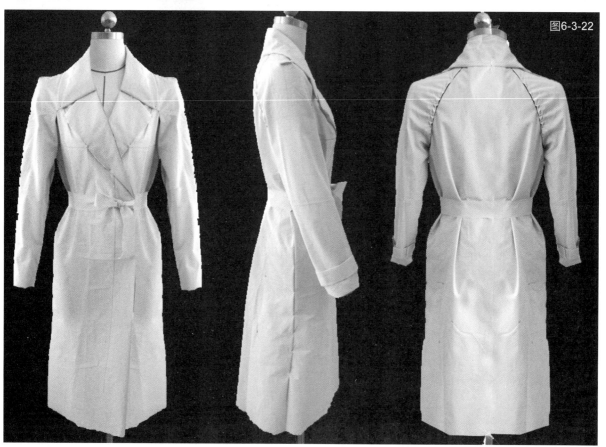

图6-3-22

第四节　连肩领、抽褶衣身连衣裙

一、款式特点

该款式的设计重点在于表现女性肩线、胸围线。对于成熟女性而言，丰盈的曲线会给她们带来艳丽和自信的感觉，所以此款在比例上做了调整，将其腰线上提，裙身造型呈窄裙效果。褶纹呈斜向放射状，是一款古典之中见时尚，使人看上去有性感、潇洒、随意的感觉。其难点是裙部斜向褶皱的处理。制作本款所选的材料以丝绸类面料为宜（图6-4-1）。

二、造型重点步骤

1. 根据款式要求在人台上贴标记线（图6-4-2）。

2. 将上衣片前中心线与人台前中心线相贴合并固定于人台（图6-4-3）。

3. 抓出放射状褶皱，依次别合并固定于人台前中线处（图6-4-4）。

图6-4-1

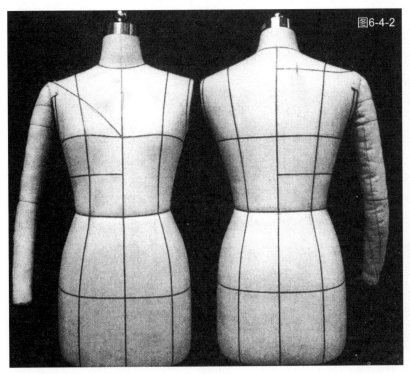

图6-4-2

图6-4-3

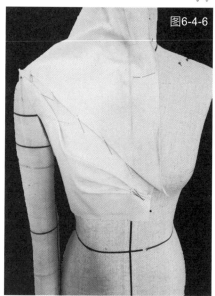

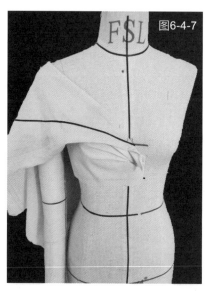

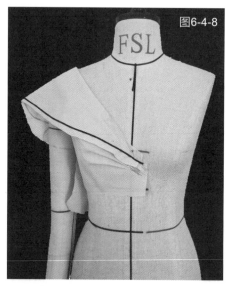

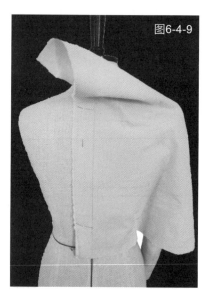

4. 将腰部余量移向肩部，形成活褶并固定（图6-4-5）。

5. 将衣片与人台相固定（图6-4-6）。

6. 将款式线上方余布向下翻折形成领部造型，确定后贴上款式标记线（图6-4-7）。

7. 将上衣片造型调整后剪去余布（图6-4-8）。

8. 将衣片后中心线与人台后中心线相贴合，转折面留有松量（图6-4-9）。

9. 将后衣领中线与人台后中心线相贴合，确定领型宽度与前领片相别合（图6-4-10）。

10. 将下衣片前中心线与人台前中心线相贴合，确定A点并将下前片抓出褶量固定于A点（图6-4-11）。

11. 抓合前裙片形成褶量固定于A点（图6-4-12）。

12. 调整腰部松量，将第三个褶皱如图6-4-13别合于A点，整理臀围面料丝缕方向，调整松量。

13. 将裙片后中心线与人台后中心线相贴合，褶型依次别合于B点，抓合方法与前裙片相同，并调整臀围松量（图6-4-14）。

14. 整理裙部造型，将后裙片与前裙片别合于侧缝线（图6-4-15）。

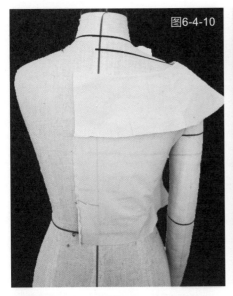

图6-4-10

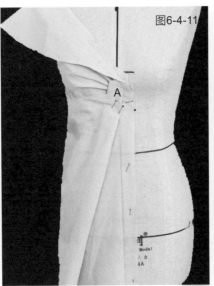

图6-4-11

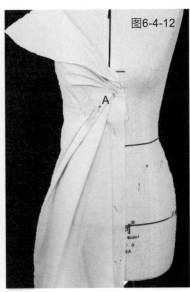

图6-4-12

图6-4-13

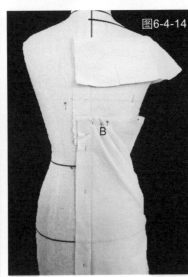

图6-4-14

图6-4-15

15. 经调整后检查腰部、臀部及下摆松量，确定后剪去余布（图6-4-16）。

16. 将侧缝线褶调整流畅，使之没有绷紧之处，并修正裙摆使之与地面平行（图6-4-17）。

17. 完成后的正面、侧面、背面效果图（图6-4-18）。

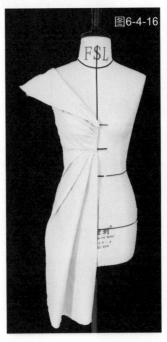

图6-4-16

图6-4-17

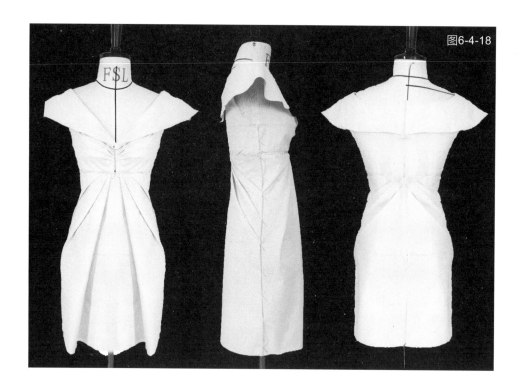

图6-4-18

第五节　泡泡袖、不对称、分体式连衣裙

一、款式特点

　　此款式的设计正面来自于当今服装设计师的作品。选择该款式作为讲解立体裁剪的范例，其原因是其设计具有很强的代表性，具体反映在对款式省道处理方面，它将传统的省道分割方法通过抓起形成褶皱，使其自然的转移到肩部、腰部，形成了当今流行的设计概念；其次胸部的自然褶皱同裙身的曲线分割形成了动与静的变化组合（图6-5-1）。

二、造型重点步骤

　　1. 根据效果图贴出款式标记线，将上衣片前中心线与人台前中心线相贴合，并将颈部余布剪去（图6-5-2）。

　　2. 如图6-5-3所示方向抓出褶型并固定。

　　3. 将左侧褶皱与转折面调整至与款式要求相同（图6-5-4）。

　　4. 依次将衣片抓起形成褶皱并别合（图6-5-5）。

　　5. 肩部的裙褶形状依次别合于肩部（图6-5-6）。

　　6. 调整胸部及肩部褶型后，确定其造型并贴上标记线（图6-5-7）。

　　7. 检查胸部及转折面是否留省松量，确定后剪去余布（图6-5-8）。

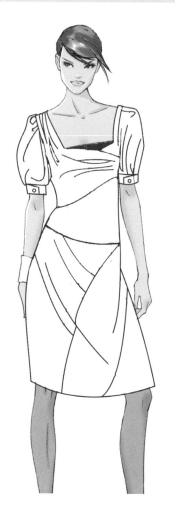

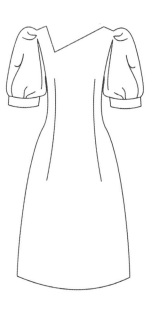

图6-5-1

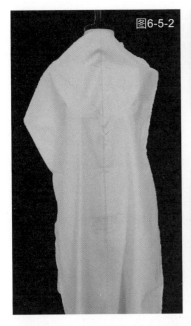

图6-5-2

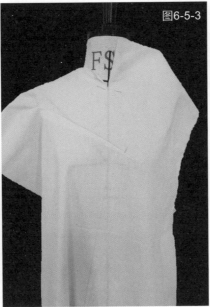

图6-5-3

图6-5-4

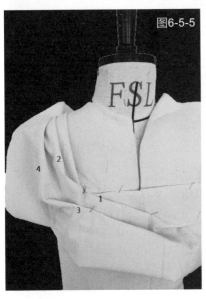

图6-5-5

图6-5-6

图6-5-7

8. 将腰部衣片布丝与人台前中心线相贴合，抚平衣片，沿款式线及腰线别合固定（图6-5-9）。

9. 将下裙片沿人台侧缝线固定（图6-5-10）。

10. 沿款式线依次抓出裙片褶皱并固定（图6-5-11）。

11. 将右裙片固定于腰部，臀围线附近留有松量（图6-5-12）。

12. 根据款式要求如图6-5-13所示，依次抓出褶皱并固定。

13. 根据款式调整前裙片，将余布剪去（图6-5-14）。

14. 后裙片为无中缝双省设计，因此取衣片后中心线与人台后中心线相贴合（图6-5-15）。

15. 抓出省道并依次别合固定，同时将肩部、臀部松量留出（图6-5-16）。

16. 根据款式确定后领并贴上标记线，剪去余布（图6-5-17）。

17. 抓出袖片松量，根据款式要求在袖山部位做出泡形褶皱并与袖窿相别合（图6-5-18）。

18. 调整前后袖型，确定后将袖口布片与袖型相连接（图6-5-19、图6-5-20）。

19. 完成正面、侧面、背面效果图（图6-5-21）。

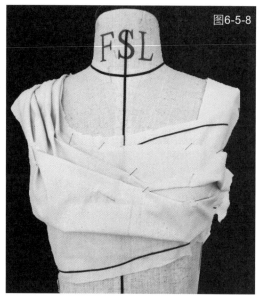
图6-5-8

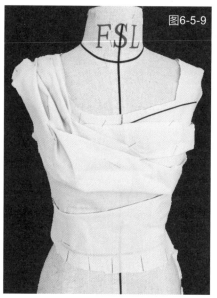
图6-5-9

图6-5-10

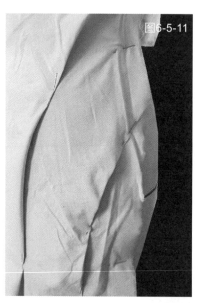
图6-5-11

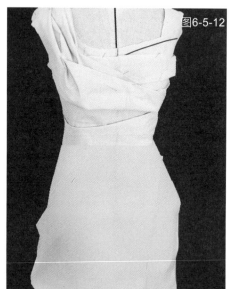
图6-5-12

图6-5-13

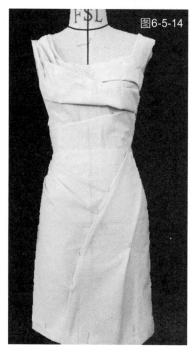
图6-5-14

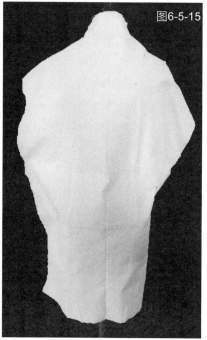
图6-5-15

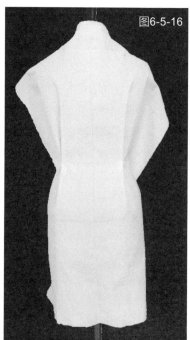
图6-5-16

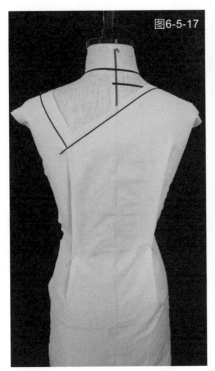

图6-5-17

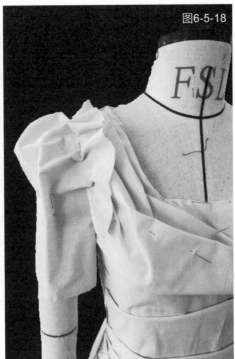

图6-5-18

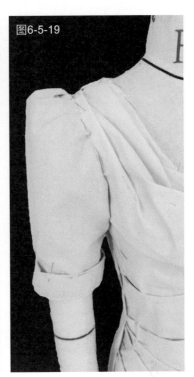

图6-5-19

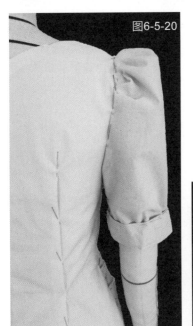

图6-5-20

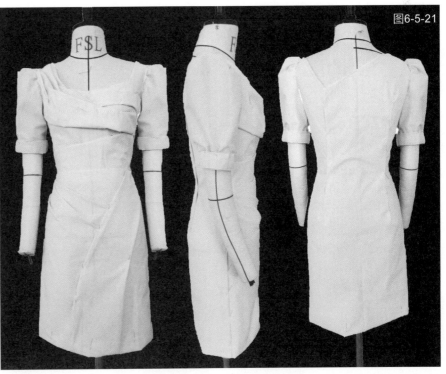

图6-5-21

第七章　礼服立体裁剪

第一节　胸部穿插、抹胸礼服

一、款式特点

　　此款式的剪裁方法在当今是非常流行的,其风格有缠裹围绕的自然效果。廓型简洁却不失丰富的视觉效果,胸前的褶皱将女性的胸部线条表现得更加丰满、自然。前衣片自然下垂的褶皱形成了与服装廓型简洁形态的对比,是当今女性非常喜爱的款式之一。

　　裁剪制作该款式时,要注意胸部皱褶的把握。规律中要有变化,有紧和松的特点。制作该款式,以针织面料为宜(图7-1-1)。

二、造型重点步骤

　　1. 根据款式要求贴上标记线(图7-1-2)。

　　2. 将左衣片按款式线别于左胸,依次拉伸面料,做出胸部形态,在前中心线抓出所需褶量并固定于人台(图7-1-3)。

　　3. 将衣片前襟拉起,根据款式要求斜向剪去余量并将剪后衣片放回前中心线,验证其垂坠效果,将腰部造型整理后固定于侧缝(图7-1-4、图7-1-5)。

　　4. 将右胸衣片如图7-1-6所示进行别合,并调整出胸部褶量。

　　5. 如图7-1-7所示,沿胸高点向下3cm剪衣片至人台前中心线。

　　6. 如图7-1-8所示,在左衣片人台前中心线处剪出A点。

　　7. 如图7-1-9所示,将右胸衣片穿过A点,并调整胸部造型。

　　8. 如图7-1-10所示,将右胸衣片拉伸至人台侧缝线处固定,调整好胸部皱褶,将两片胸衣衣片别合。

　　9. 将右裙片依次与胸衣线、左裙片前中心线及腰部侧缝线别合(图7-1-11)。

　　10. 调整后衣片腰部松量并与前衣片在侧缝处别合(图7-1-12)。

　　11. 将前衣片胸部褶皱左右调整均衡,褶型起伏自然流畅(图7-1-13)。

　　12. 完成正面、侧面、背面效果图(图7-1-14)。

　　13. 将调整好的衣片取下,修正、拓印纸样。

图7-1-1

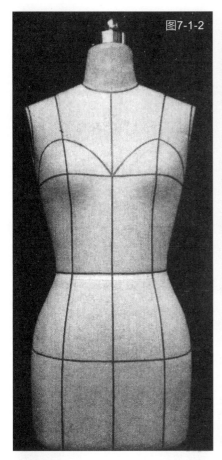

图7-1-2

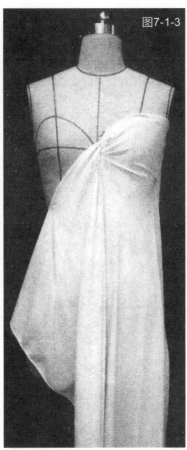

图7-1-3

图7-1-4

图7-1-5

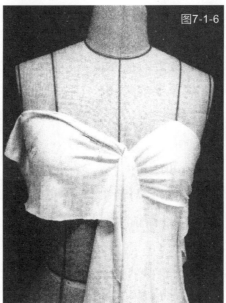

图7-1-6

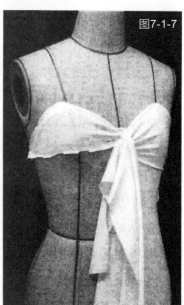

图7-1-7

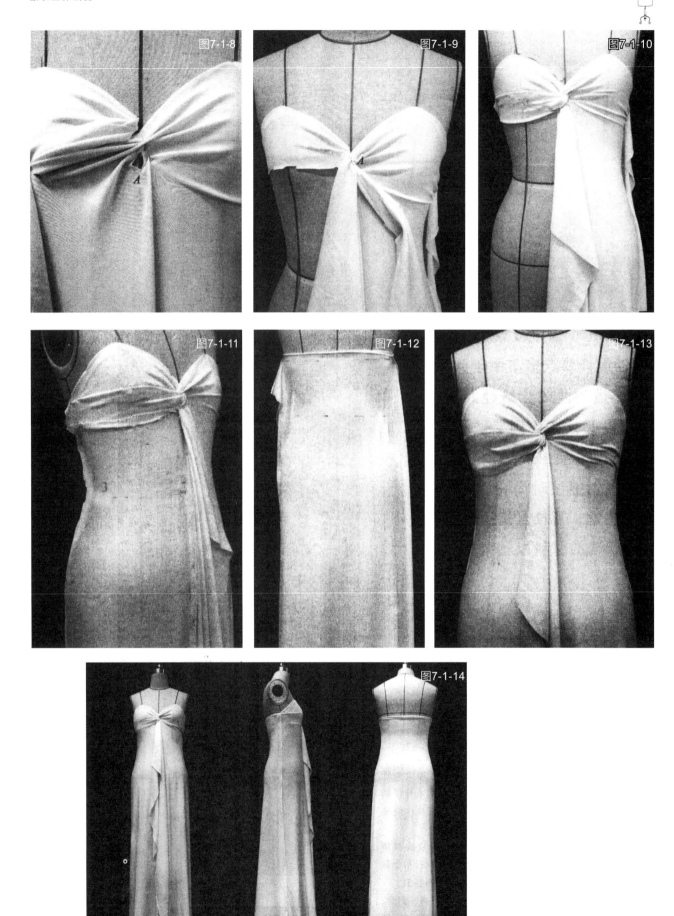

图7-1-8

图7-1-9

图7-1-10

图7-1-11

图7-1-12

图7-1-13

图7-1-14

第二节 胸部褶皱分割、后背垂坠式礼服

一、款式特点

此款的风格特点是以表现女性肩线、胸围线为设计点的服装造型，上身的褶皱设计将胸部表达得非常完美，通过将省道转移至褶皱之中，合理地消除了传统省道设计的呆板、平直的面貌，后背垂坠领的运用是为了进一步体现女性背部线条的优美形态。因此形成了前后片上部多褶皱、下身平整的对比效果。

本款的难点在于胸部褶皱的分割与走向，制作该款式的面料以针织材料为宜（图7-2-1）。

二、造型重点步骤

1. 根据款式要求在人台上标出款式线（图7-2-2）。

2. 将前下裙片中心线与人台前中心线相贴合，调整臀部松量并别合固定（图7-2-3）。

3. 腰部留有一定松量，将布片顺势推至侧缝线，腰部有绷紧之处打剪口，固定于侧缝线（图7-2-4）。

4. 调整好裙身造型，检查臀部松量（图7-2-5）。

5. 将上衣片前中心线与人台前中心线相别合，颈部打剪口（图7-2-6）。

6. 如图7-2-7所示，根据款式做出裙褶依次与人台相别合。

图7-2-1

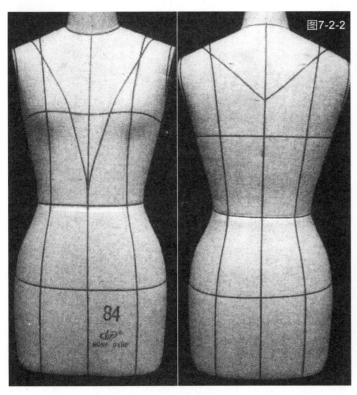

图7-2-2

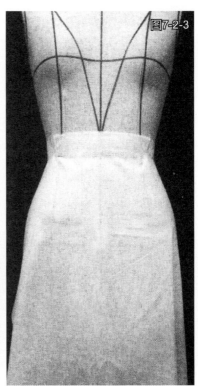

图7-2-3

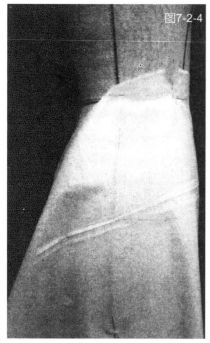
图7-2-4

图7-2-5

图7-2-6

图7-2-7

图7-2-8

图7-2-9

7. 根据图 7-2-8 所示方向抓出皱褶，依数字顺序将其别合固定。

8. 理顺褶皱，使其收于腰部侧缝线处并别合固定，注意调整胸部转折面并留有松量（图 7-2-9）。

9. 调整好上片造型，剪去余布并贴上款式标记线（图 7-2-10）。

10. 右上衣片的制作方法与左上衣片的制作方法相同，调整后与人台固定（图 7-2-11）。

11. 后裙片中心线与人台后中心线相贴合，调整好臀部松量，不宜过紧（图 7-2-12）。

12. 调整好下裙片造型，在侧缝线处与前片相别合（图 7-2-13）。

13. 将后领衣片如图 7-2-14 所示，抓出褶皱并固定于肩部。

14. 如图 7-2-15 所示，调整出第二个弧形褶并与肩部别合固定。

15. 将第二个弧形垂坠褶如图 7-2-16 所示固定于肩部。

16. 如图 7-2-17 所示，将垂坠褶下部余布抓合并推至腰部别合固定。

17. 调整后背垂坠褶造型，使之呈圆弧状，调整转折面，与前片在侧缝线处相别合，并将余布剪去（图 7-2-18）。

18. 完成正面、侧面、背面效果图（图 7-2-19）。

19. 将调整好的衣片取下，修正、拓印纸样。

图7-2-10

图7-2-11

图7-2-12

图7-2-13

图7-2-14

图7-2-15

图7-2-16

图7-2-17

图7-2-18

图7-2-19

第三节　直线分割建筑风格礼服

一、款式特点

该款式的设计特点是将古典与现代相综合，以公主线为设计点，并在其中加入简洁的直身线条，有很强的建筑风格，增强了女性臀部的视觉效果。臀围至下摆的直身线条借鉴了建筑中的柱形结构及大裙撑服饰造型特点，并以现代单纯直线加以诠释，使之产生高雅、经典、帅气之感，并同时展现了女性的优雅。该款式适宜用丝绸类面料制作（图7-3-1）。

二、造型重点步骤

1. 根据款式要求在人台上贴上款式标记线（图7-3-2）。

2. 将裙片前中心线与人台前中心线相贴合，如图7-3-3所示固定，在公主线上抓合衣片形成直线省道固定于人台前公主线。

3. 将衣片推移至侧缝线，调整腰部、臀部松量，确定裙片造型后贴上标记线并剪去余布（图7-3-4）。

4. 将裙片后中心线与人台后中心线相贴合，如图7-3-5所示固定，在公主线上抓合衣片形成直线省道固定于人台后公主线。

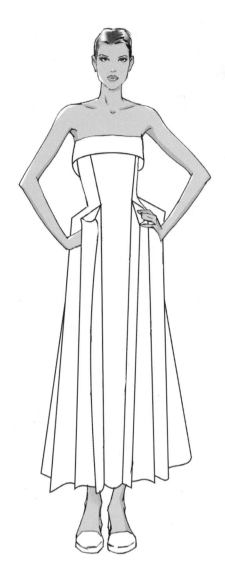

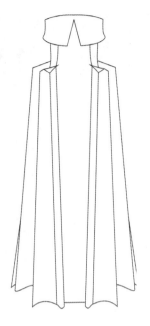

图7-3-1

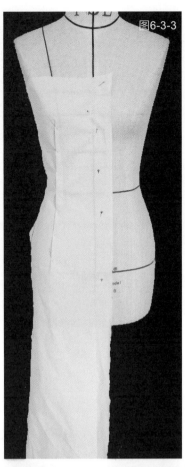

图6-3-3

5. 调整前后裙片造型，别合于人台侧缝线（图7-3-6）。

6. 将胸前装饰片与胸前标记线相别合（图7-3-7）。

7. 如图7-4-8所示方向沿标记线将布片顺势推移至后中心线并固定。

8. 确定胸前装饰片宽度，调整其造型（图7-4-9）。

9. 确定胸前装饰片至后中心线的侧面斜度（图7-4-10）。

10. 以后中心线与胸围线交点确定装饰片的造型宽度（图7-3-11）。

11. 如图7-3-12标记所示，在前公主线、侧缝线及后公主线上标点，注意点与点之间高度有起伏变化。

12. 取直丝布25~30cm对折，可单层也可多层，沿侧缝线别合于B点至裙摆，其A、C两点处的装饰线条与B点的制作方法相同（图7-3-13）。

13. 完成正面、侧面、背面效果图（图7-3-14）。

14. 将调整好的衣片取下，修正、拓印纸样。

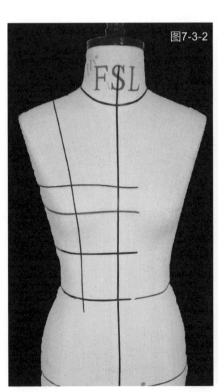

图7-3-2

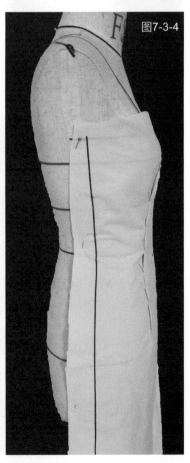

图7-3-4

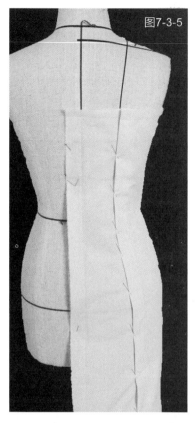

图7-3-5

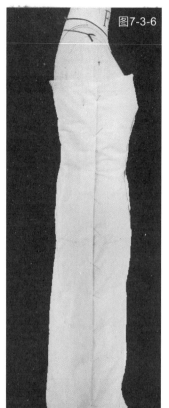

图7-3-6

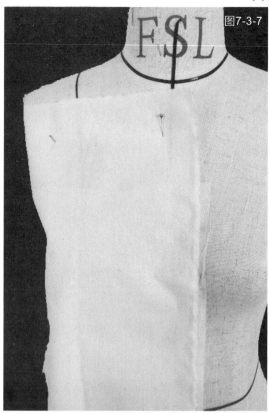

图7-3-7

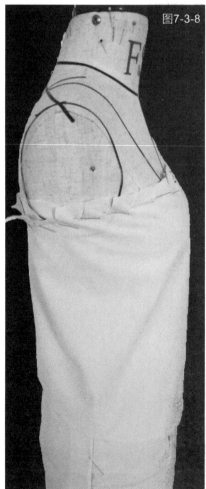

图7-3-8

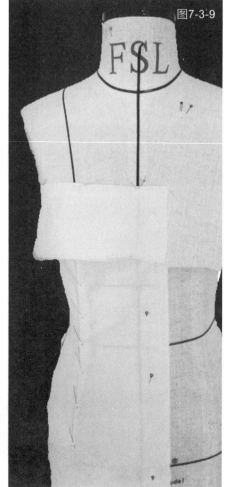

图7-3-9

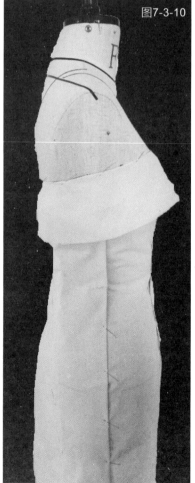

图7-3-10

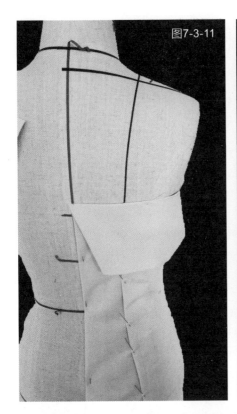

图7-3-11

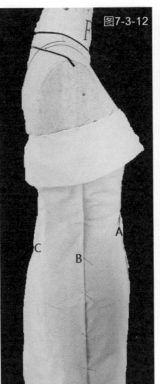

图7-3-12

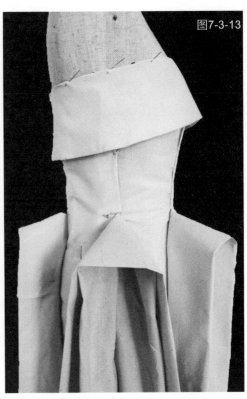

图7-3-13

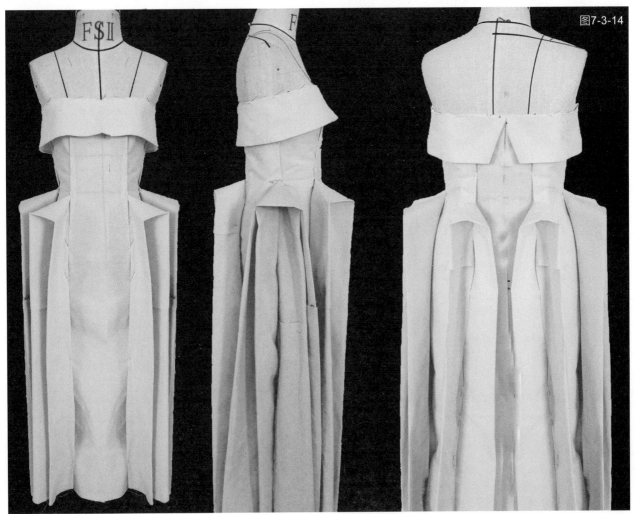

图7-3-14

第四节　垂褶领、抽褶衣身礼服

一、款式特点

　　该礼服裙身廓型为长曲线 X 型，其结构要点为抽缩造型的立体裁剪，并且腰围线以上曲面处理。前裙身将浮余量转入中心抽褶造型，后裙身将浮余量转入垂褶造型，在胸围线以下曲面处理，造型如图 7-4-1。

二、造型重点步骤

　　1. 在人台上作后衣身垂褶领领口标记线及前衣身抽带领领口标记线（图 7-4-2）。

　　2. 取长 = 后腰节长 +10cm、宽 = 胸 /2+15cm 的 45° 斜丝坯布一块作为后衣身坯布。然后作出后中线，将领口扣好缝份，将坯布与人台覆合一致，注意两者后中线要对齐（图 7-4-3）。

　　3. 在肩缝上将坯布上提，使垂褶自然，并注意使坯布后中线始终对准人台后中线（图 7-4-4）。

　　4. 将左右两侧肩量处的坯布上提，并使垂褶左右对称（图 7-4-5）。

　　5. 将腰部余量向两侧除去，作肩、侧、底边标记线，预留一定缝份后剪去多余量（图 7-4-6）。

　　6. 作好领口标记线的人台前身（图 7-4-7）。

　　7. 取长 = 衣长 +3m、宽 = 胸 /2+30m 的直丝缕坯布一块作为前裙身布，在前中线上用缝纫机缝抽褶，

图7-4-1

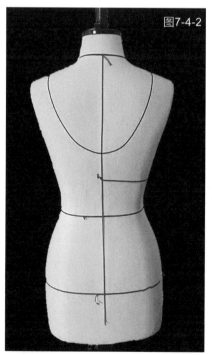

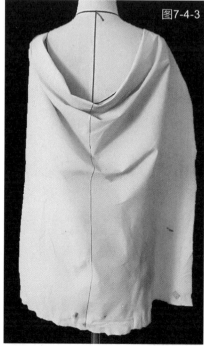

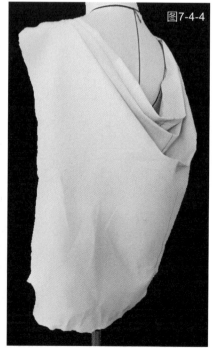

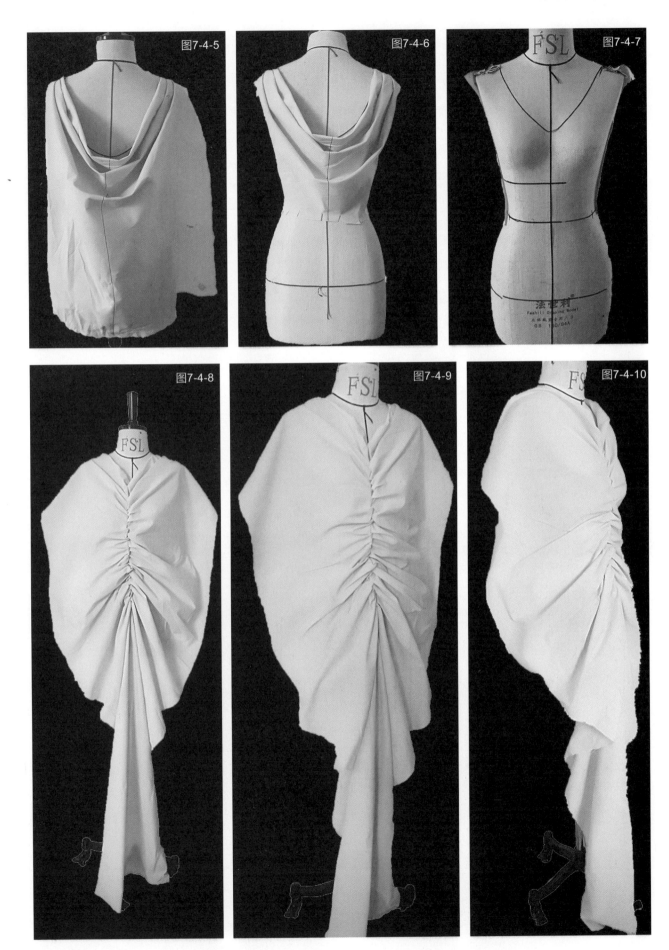

图7-4-5

图7-4-6

图7-4-7

图7-4-8

图7-4-9

图7-4-10

图7-4-11

图7-4-12

然后将坯布与人台覆合一致（图7-4-8）。

8. 整理前中线的抽褶，使抽褶量达到理想的状态。然后整理腰部的坯布，使之平整（图7-4-9、图7-4-10）。

9. 将腰部以下布作成褶并在侧缝固定，褶裥的正面波浪状，并按领口造型线剪切领口处坯布（图7-4-11）。

10. 取长＝裙长+10m、宽＝臀围/2+10m的直丝缕坯布一块作为后身布，画出后中线、腰围线及臀围线，然后将坯布与人台覆合一致。

11. 在腰部中心及两侧提拉布，作出后身三个波浪，提拉的量越大波浪量也越大（图7-4-12）

12. 完成正面、侧面、背面效果图（图7-4-13）。

13. 将调整好的衣片取下，修正、拓印纸样。

图7-4-13

第五节 花球褶皱小礼服

一、款式特点

　　此礼服裙身为任意褶皱，裙身为做成花瓣的造型，整体造型立体感强、层次分明，极具雕塑感。如图7-5-1。

二、造型重点步骤

　　1. 先在人体模型上作内村，内衬采用较为硬挺的材料，并作成贴体型。注意内衬不能露出所设计造型的轮廓线外。

　　2. 在内衬上作上半身的皱裙造型，如图7-5-2所示在侧缝处将布料折叠，折叠的部位和数量都应随意，且两侧的折叠部位和数量都不相同，这样形成的皱褶可呈现出自然随意的形态。

　　3. 按图完成后身造型（图7-5-3）。

　　4. 将作下半身花球造型的布料放在平面的工作台上折叠。若布料的幅宽为90cm，则可先将布料的宽度折成花球的长度（约40cm）加上花球的凹凸量（约20cm），即60cm宽。然后将布料在长度方向折叠（图7-5-4），褶量为10cm左右，每个褶裥之间的间距为3~4cm。大头针固定的位置确定在布料宽度的1∶2处，以保证完成花球时布料的重量不致使花球下沉（图7-5-5）。

图7-5-1

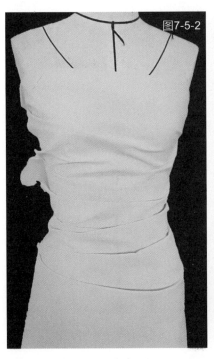

图7-5-2

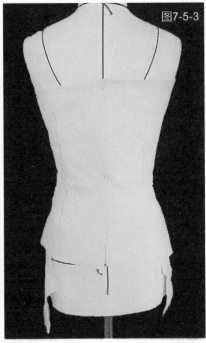

图7-5-3

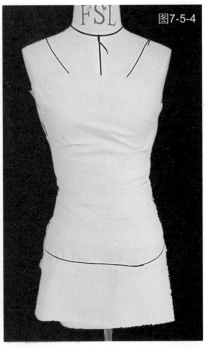

图7-5-4

图7-5-5

5. 将已作好褶裥的布料覆于人体模型上，沿布料宽度的 1∶2 处用大头针将布料固定于人体模型上（图 7-5-6）。注意因造型的需要，前身大头针固定的部位应稍低些，以形成前低后高的形状。

6. 将已固定于人体模型上的布料上半部褶拉开，把褶里层的布料拉松，以形成蓬松的球状造型（见图 7-5-7）。

7. 图 7-5-8 为已完成的整体造型。最后从整体上将各部位布料进行整理，以保证造型浑然一体、情趣盎然。

8. 完成正面、侧面、背面效果图（图 7-5-9）。

9. 将调整好的衣片取下、修正、拓印纸样。

图7-5-6

图7-5-7

图7-5-8

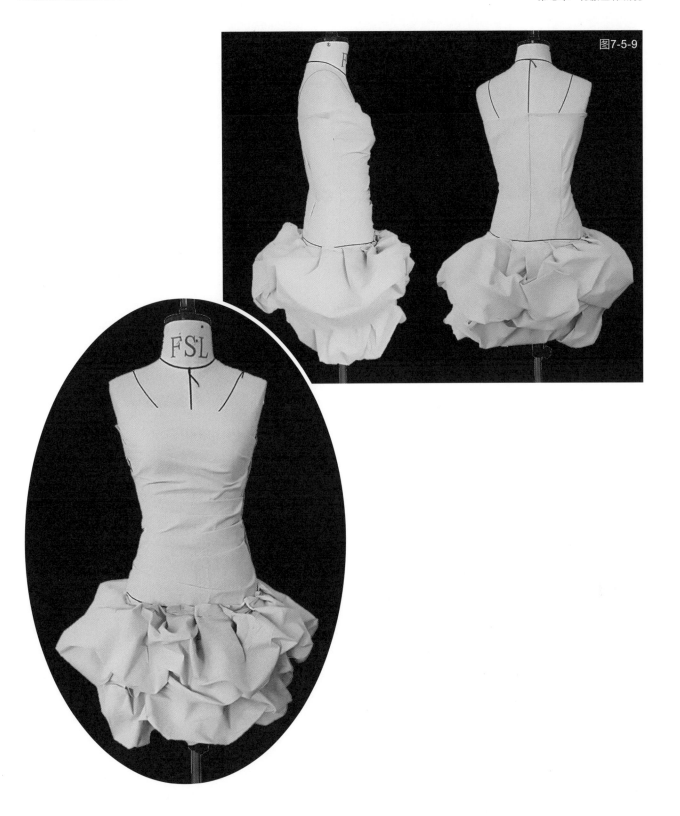

图7-5-9

参考文献

[1]李志刚，李静，李萌. 服装立体裁剪实例教程[M]. 北京：化学工业出版社，2013.

[2]张文斌. 服装立体裁剪[M]. 2版. 北京：中国纺织出版社，2012.

[3]康妮·阿曼达·克劳福德. 国际服装立裁设计：美国经典立体裁剪技法 [M]. 周莉，译. 北京：中国纺织出版社，2018.

[4]周文辉. 立体裁剪实训教程[M]. 北京：中国纺织出版社，2016.